中华青少年科学文化博览丛书·科学技术卷 >>>

图说移动通讯技术与未来

中华青少年科学文化博览丛书·科学技术卷

移动通讯技术与未来

吉林出版集团有限责任公司 | 全国百佳图书出版单位

前言

现在，人们随身携带手机，通讯十分方便。有事打个电话，信息可以立刻传递千万里之外。移动通讯技术的发展促使人们生活便捷化，那么，你想了解移动通讯技术吗？

在移动通讯技术发展起来之前，沟通十分不便。古人们最常用的是驿马传书，一封书信要邮差骑马跑上千里传送，十分辛苦，而且传递的信息没有及时性。遇到急事，信息传到了，也晚了。我国古代也有用飞鸽传书、烽火传书的，信息传递速度增快了，但是没有准确性和明确性。

到了现代，随着科学技术的飞速发展，无线电通讯技术也随之诞生，移动电话的诞生，在人们生活中起了不可小觑的作用。

本书将带你进入移动通讯技术的发展之旅。

试想想，在外出的时候，遇到急事，如果没有手机之类的移动通讯设备在身边，该怎么办呢？

而如今，轮船上装有船舶电话，飞机上有航道电话。就算手机为了防止干扰乘坐的交通工具正常运行而不能开机，紧急状况下也还是有办法及时进行信息传递的。

移动通讯技术的发展，使人们的生活触手可及。

移动通讯技术从最早的 1G 时代到如今即将进入的 4G 智能移动通讯时代，实现了一种飞跃。那么，作为读者的你想了解移动通讯技术吗？ 1G、2G、3G、4G 是指什么呢？移动通讯技术经历了怎样的发展呢？移动通讯技术在未来又将带给我们怎样的惊喜？

本书不但有详细的文字说明，还有大量的图片帮助读者了解各个部分的内容，在我们阅读文章的时候能够身心愉悦。

本书将带你了解奇妙的移动通讯技术，赶快来阅读本书吧！

目 录

第3章 缓慢的开篇——一代和二代移动通讯

目 录

第5章
移动通讯的
未来

第1章

早期的通讯

◎ “顺风耳”和“千里眼”
◎ 驿站和“快马加鞭”
◎ “听见的”和“看见的”
◎ “飞起来”的通讯

一、“顺风耳”和“千里眼”

在中国古代的神话故事中，有两位很特别的神仙，他们并没有超群的法力，地位也不是特别高，却时常出现在很多我们耳熟能详的故事中，他们就是千里眼和顺风耳。

究其原因，这两位地位不高的小仙却拥有着奇异的能力。顾名思义，其中千里眼可以清晰的看见出现在千里以外的物体，而顺风耳则可以清楚的听见千里以外的极轻微的声音。

拥有这样出色的视力和听力的人当然是不存在的，但是这两位小仙却传达了古代人民对远处的渴望，他们希望有这样的人，可以让他们与远方的亲友联系。在通讯极不发达的古代，一旦离开了家乡，人们很难得知家中的情况。很多时候，这种闭塞的情况会耽误很多重要的事情。不发达的通讯，不仅使离乡背井的人得不到家中的消息，很多时候，还会影响国家的稳定。在那个经常会发生战争的年代，不发达的通讯经常会导致战机的延误。

在这样的情景之下，人们更加渴望拥有便捷的通讯。因此充满智慧的劳动人民想出了许多传递信息的方法。这些古老的方法对现代移动通讯的发展起到了不可磨灭作用。

漫画书中的千里眼和顺风耳形象

千里眼和顺风耳

千里眼和顺风耳是我国古代神话传说中的两个神仙。千里眼可以眼观千里，顺风耳可以听到千里之外的声音。

第1章 早期的通讯

二、驿站和“快马加鞭”

根据甲骨文的记载，在商代的时候，中国就已经有了邮驿的存在。

经历了春秋、汉、唐、宋、元的各个朝代的发展，中国邮驿制度一直在通讯中占着主导的地位，直到清朝中后期，被迫打开国门的时候，邮驿制度才开始逐渐的被现代邮政取代。

甲骨文

这种古老的通讯技术并不是中国独有的，世界上的很多国家也拥有和使用过这种依靠马匹的邮驿制度。

在 14 世纪的时候，在中亚地区曾出现过一个强大而又短暂的国家——帖木儿帝国。这是一个由蒙古人的后裔建立的伟大帝国，这个国家控制着包括现在的印度、阿富汗、伊朗等广大地区。

古代驿站

这个存在时间不是很长的帖木儿帝国曾经制订过严格的邮驿制度。在这套制度中，对邮驿系统做出严格的规定，制度中要求驿使每天必须走至少 500 里的路程，而且还赐与驿使一项特权，行路中需要换马时，不论是皇亲国戚，还是寻常百姓，只要驿使提出换马的要求，都要用自己的马和驿使交换，如果拒绝就有杀头之罪。在一段时期内帖木儿的大军开疆拓土，屡战屡胜，与邮驿制度健全，信息灵通是分不开的。

社会的发展和政治、军事的需要，还形成了传送官府文书的更严密的邮驿制度，和烽火配合使用。

中国古代设有驿站，专门有人骑马送信。如果遇有紧急情况，则在信封上插鸡毛作为暗号。

在历史的逐渐发展中，本身仅用来传递公文和政府信件逐渐的邮驿延伸，拥有了更多种类的用途，这些延伸出来的作用虽然在边防、文化和经济的交流等方面，起到一定的作用，但是却给广大人民带来了沉重的负担。例如，唐明皇为了让他的宠妃杨贵妃吃到新鲜荔枝，就为她从长安到四川涪陵专设了一路邮驿，昼夜飞驰，运输新鲜荔枝。唐朝诗人杜牧所写的“一骑红尘妃子笑，无人知是荔枝来”，这两句有名的诗句，就是对这件事的讽刺。

外国的通信方式别具一格，他们在急件上画上一个骷髅和交叉的枯骨形象，或是画一具绞刑架上的悬尸。1970 年普法战争正酣时，普鲁士军队将巴黎团团围住，地面通信根本无法进行，当时法国当局利用 80

参与说明：

《礼字墙》是由全社会征集来的“礼”字构成的装置作品。《礼字墙》通过国际互联网和活动，公开向全球征集汉文化中的“礼”字，将征集来的礼字制作成长1000米，高5米的装置作品。参与者书写一个“礼”字，并填写姓名、国籍、所在地区，并对“礼”的理解和看法留言。参与者的名字及所有信息都将永久留在《礼字墙》上。

"Word Wall", the Work of Behavior Art "Communication", Collects the Words "Etiquette" All Over the World. Then enlarge the collected words as an installation with 1000 meters long and 5meters high. And we will put the words "Etiquette" and names of the participants together on the "Word wall".

姓 名 name　　国 籍 country　　地 区 Area

您对“礼”的理解和看法
Announce the understandings and viewpoints for the etiquette

请在框内写一个“礼”字
Please write “礼” here

多个气球，运出9吨多信件，才使外面得知巴黎被困的消息，这也成为了最早的“航空信件”。

知识卡片

邮驿

所谓的邮驿就是骑马送信的意思。到了周朝的时候，中国的邮驿制度得到了进一步的完善。

在周朝的时候，大路上每隔17千米就设有一个驿站，驿站中备有食物、水和马匹，有的大型驿站甚至还备有客房，以便可以让差役在送信途中换马补给，使得官府的公文、信件和边关的战报可以用最快的速度传递出去。

邮驿塑像

长白山天池驿站

三、“听见的”和“看见的”

人类在认识客观世界的过程中，只有20%是通过听觉器官——耳朵获得的，剩下70%的信息则是靠视觉器官——眼睛获得的，而由触觉、嗅觉、味觉等器官获得信息只占剩余的百分之几。

眼睛获得大量信息

因此，利用声音进行通信是非常有潜力的。在现代的通信方式中，电话通讯就是利用听觉器官来传递信息的。在古代的通讯中，就已经对利用声音来传递信息进行过多种尝试了。在古代的战争中，两军对垒是所使用的，如击鼓进兵，鸣金收兵等就是一种利用声音来传递信息的方式。这是因为打仗时敌我双方混战在一起，人员交错，靠人来传递命令是很困难的，而战鼓一响却可以一呼百应。在现代的军队中，我们仍能看到利用声音来传递信号的情形。比如进攻时由号手吹响嘹亮的冲锋号，夜晚睡觉时吹熄灯号，早晨吹起床号等。

在古代，由于没有文字、交通也不方便，所以音响通信就利用得更为普遍。非洲的一些土著部落几乎每家都有长鼓和象牙号，很多大小事情都靠击鼓来联系。各部落都有一套相当复杂的“鼓语”，不同的鼓声，不同的鼓点就代表了不同的意思。部落里甚至有专门负责击鼓的人员，他们传递信息时必须准确而熟练，不然

长城曾燃起烽火

就会闹出笑话。有一次，刚果河畔的奥尼可部落的西萨玛村有一对年轻人要举行婚礼，负责传信的鼓手是个新手，由于不熟练以至传错了消息，大家都以为是有人在办丧事，于是纷纷带着祭品赶来了。

在现代的生活中，声音的利用仍然是通信的一个重要手段，一些有特定含义的信息可以通过特定的声音表现出来。例如救火车、救护车、警车等专用车辆在执行紧急任务时拉响警笛，使行人车辆及时闪开以便顺利通过；又如在门上装上门铃，当客人来访时按响电铃可以通知主人等，数不胜数。从广义上讲，人类的语言功能也属于音响通信的范畴。

靠人来传递信息速度是很有限的，即使骑马最多也只不过每小时60千米，所以在通信方式上进行变革是必然的趋势。在3000多年前，中国中原地区的人们为了防范和抵御西北边陲少数民族的骚扰，就建造了世界上最早的烟火报警通信装置——烽火台。烽火台是用石块垒成的十多米高的石堡，上面堆有柴草和狼粪，时刻都有士兵在上面值勤观察

救火车

长城上的烽火台

和瞭望。一旦发现敌情，夜间点燃柴草，使火光冲天；白天则点燃狼粪，因为粪燃烧时其烟垂直向上，很远的地方都能看到，故而将烽火又称为狼烟。

用这样的方式传递战况显然比邮驿快捷许多，所以，中国古代的君主都很重视“烽火”这种通讯方式。秦始皇统一中国之后，进行了一项巨大的工程——修建万里长城。长城不仅是抵御北方游牧民族侵略的屏障，也是一个烽火通信系统，长城上每隔二百米左右就修建了一座烽火台。我们可以想象，当年烽火在雄伟的古长城上传递时，绵延不断、横贯千里的情景一定蔚为壮观！唐诗中有这样的句子：“孤山几处看烽火，壮士连营候鼓鼙”。秦始皇建造了万里长城后，各朝各代都在长城一线上派驻了大批军队，并且多次对长城进行维修，最后一次大规模重修在明代。今天，长城已经失去了原有的作用，

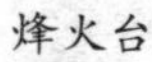
烽火台

但它仍然具有象征意义，一座座烽火台就像一座座丰碑展示着中国发达的古代文明，也展示了中国古代人民的勤劳与智慧。

烽火通信在每一站之间是以光速传递的，所以应属于光通信一类，光的速度是每秒 30 万千米，显然比马跑人行要快得多。在世界其他国家的古代历史上也有利用光来通信的记录，1000 多年前的阿尔及利亚人就曾利用巨大的铜镜反射太阳光来传递情报。古希腊的历史学家波列比曾发明一种利用光来通信的办法。他在古希腊建造了不少高塔，每相邻两塔相对的高处墙壁上都凿有 5 个洞，每个洞可明可暗，5 个洞通过明暗不同的组合一共可有 2 的 5 次方种变化，也就是一共可以有 32 种变化，希腊文一共有 24 个字母，以每种组合代表一个字母就可以完全把这 24 个字母传递出去，这样一个字母一个字母的传递就可以连成完整的句子，情报也就这样一站一站地传递下去了。这种通信方式可以说是现代电报的雏形，现代电报从原理上来说和古希腊的光通信没有什么区别，只是利用的手段不同，一个是利用光，一个是利用电。

希腊字母

史书上曾记载了一个有关烽火的有趣故事。西周最后一统治者周幽王是个昏庸的国王，他不理朝政却整日沉湎于女色。他有一个爱妃叫褒姒，是个貌可倾国的美女，可是在周幽王面前却总是一副冷冰冰的面孔，不露笑脸。周幽王想尽办法也无法让褒姒笑一笑，于是便设下千金重赏以求褒姒一笑，这也就是成语“千金一笑”的由来。后来幽王手下的一个大臣出了一个主意，让幽王带着褒姒在骊山的王宫内设宴，同时命人点燃了烽火，当时各路诸侯看到了烽火以为外族来侵犯西周国都了，便纷纷带着人星夜赶来增援，到了镐京才发现被幽王愚弄了，只好一个个带兵返回。看到一队队士兵来来去去忙忙碌碌的样子，褒姒果然露出了笑脸，幽王为此龙心大悦，重赏了那名大臣。但是很快就为此付出了沉重的代价。没过多久，西部的犬戎族果然来进攻了，周幽王又使人点燃了烽火报警，但各路诸侯由于上一次的教训以为又是幽王在戏弄大家，结果无一来援，西周从此灭亡。从这个古老的故事可以看出当时在各种物质条件很不发达情况下，烽火通信已经发展成了一个相当完备的系统，从周朝的国都一直通向各个诸侯国，在应用中也起到了很重要的作用。

烽火传信

烽火通信系统是由许多个烽火台一个接一个串联组成，每个之间有一定间隔。每当出现紧急情况便点燃烽火，后一个烽火台看到前面的烽火信号便也跟着点燃烽火，以便通知下一个，这样从前到后依次传递，警报很快就从边关传到了内地，中原人民也就可以早早地做好抗敌准备。烽火不仅能表示警报，而且还能反映出一定的信息，比如利用燃放烟火堆数的不同，每道烟火的时间间隔的不同等就可以大致表示出来犯敌人的数目、方位等内容。只要事先规定好每种组合的定义，烽火就能传送一定量的警报信息。

烽火传信

第1章 早期的通讯

四、"飞起来"的通讯

在科技并不发达，交通也不甚便利的古代，邮驿通讯很受限制，在平原地区还好些，在多山地区通信就是一个比较让人伤脑筋的问题了。人们非常羡慕天空中自由自在飞翔的鸟类，如果能让鸟类成为人类的邮递员，通信自然要快捷多了。鸽子是人类最早驯养的善于长途飞行的飞禽，其记忆力非常好，就是把它带到几千里以外，它也能跨越高山大川、森林和海洋，飞回自己的家。

信鸽

据记载，1980年一个葡萄牙人将一只南非鸽带到葡萄牙的里斯本，但这只信鸽从里斯本出发，经过7个月的飞行，飞越了地中海和整个非洲大陆，最后还是返回了它在南非比勒陀利亚的家，行程达九千千米。据科学家研究，鸽子的大脑对地球的磁场分布非常敏感，它能通过对磁场的辨别找到飞回家的路线。鸽子是一种非常能吃苦耐劳的鸟类，尽管一路上风餐露宿，天气又变化莫测，时而朔风呼啸，时而大雨滂沱，但它仍能一往直前，不达目的誓不罢休。有时由于自然条件太恶劣，送信的鸽子一路上水米未进，但仍会拼尽最后一点力气飞到终点。当主人拿到信件的时候鸽子也常因劳累过度而死去。

在记载中，信鸽通信最早出现在在公元前 43 年，古罗马将军安东尼带兵围攻穆廷城。当时罗马大军里三层外三层将穆廷城围得风雨不透，困守在城内的守军根本无法派人和城外的援军取得联系。这时守军指挥官白鲁特想到了鸽子。他把告急信绑在鸽子腿上，让鸽子从空中飞过敌人的重围而把消息传送给援军。援军得到了确切的情报，终于和城内的守军里应外和，打退了安东尼的军队。

在中国饲养信鸽也有很悠久的历史。信鸽用于通信在史书中也多有记载。

公元 1128 年，南宋大将军张浚是位名臣，被宋孝宗封为魏国公，谥忠献。据说，张浚有一次视察部下曲端的营地，到了军营只见空荡荡的，没有一个士兵。他非常恼火，就对曲端说要视察他的军队，曲端立即将所统帅的 5 个军的花名册递上。张浚指着花名册说我要视察第一军，曲端不慌不忙地打开笼子放出了一只信鸽，顷刻间第一军将士全副武装，飞速赶到。张浚大为震惊，又说："我要看你的全部军队。"曲端又放出四只信鸽，其余四军也奉召赶到。

南宋大将军张浚

在近代军事史上，也有类似利用鸽子传递讯息的经典战例。第一次世界大战期间的阿尔卑斯山麓，法德两军展开了激战。有几个团的法军被数倍的德军围困在阿尔卑斯山以西的桦树林中。为了让友军得到情报前来解救，法军放出了十几只信鸽去报信。

德军发现了这一情况，马上对这些信鸽进行射击。大多数信鸽被击落了，但仍有两只信鸽冒着枪林弹雨，历尽艰险到达了目的地。这几个团的法军也因此而获得了解救。战后，为了纪念这些英勇无畏的信鸽，法国人为它们建造了鸽子纪念碑。直至今天，法国人仍然十分喜爱鸽子，饲养鸽子非常普遍。许多野生的鸽子可以在广场大街上自由自在地飞翔停留，和人们和平相处。许多游客还买来了鸽子爱吃的食物撒在广场上供鸽子食用。故法国也有“鸽子王国”之称。

其实，不光是鸽子，大雁也能传递书信。所以，现在还常常会把送信的邮递员称为“鸿雁”。

汉朝时有一个非常有趣的鸿雁传书的故事。公元 100 年，汉朝大臣苏武出使匈奴，匈奴单于很欣赏苏武的才能，想迫使苏武投降匈奴，被苏武严辞拒绝。于是单于便将苏武扣下，随后把他流放到荒无人烟的北海去牧羊，对他说什么时候公羊生了小羊，什么时候就放他归汉。苏武在北海一带放牧十九年，虽含辛茹苦，但始终不曾向单于屈服。后来汉昭帝与匈奴和亲，出使匈奴的汉朝使者问起苏武之事，单于撒谎说苏武已经死了，但这位使者私下里打听到苏武仍

鸽子象征和平

阿尔卑斯山

鸿雁

然在北海牧羊，于是回去后就把这个情况报告了汉昭帝。当时的霍光想出了一个计谋，又派去一个使者对单于说："大汉天子喜欢打猎，有一次射下一只大雁，雁腿上系着一封信，是苏武的亲笔信，上面写着苏武还活着，现在北海牧羊。"单于听后，见无法抵赖，只好放回了苏武。

虽然这只是霍光的一个计谋，但可以想象，当时一定有人已经在利用大雁传书了，否则这个故事就缺乏根据，霍光也不会想到这样的计谋，单于也不会轻信。

据说现在美国德克萨斯州的一些邮局中还有近百只经人训练过的野鸭在担任"邮递员"负责送信呢。

风筝是我们祖先的一项伟大发明。它可以追溯到春秋战国时代。据说有名的木匠鲁班就曾仿照鸟的造型"削竹为鹊，成而飞之，三日不下。"墨子也曾造过"木鸢"。这些都是风筝的前身。东汉时蔡伦发明了造纸术后，才有了"纸鸢"，俗称风筝。之所以叫风筝是因为人们常在纸鸢上拴一个竹笛，放飞的时候，经风一吹竹笛就发出像筝一样的声音。

风筝

刘邦塑像

风筝不只是娱乐工具，在军事上也曾起过很大作用。秦末楚汉垓下大战时，汉王刘邦将楚霸王项羽围困在垓下城。项羽的军队四面被汉军包围，粮草断绝，人困马乏，几次突围都没有成功。为了瓦解楚军士气，汉王命人夜晚在城四周的高空放飞风筝。风筝上安放了竹笛，夜风一吹，笛声凄凉，汉军士兵又和着笛声唱起了楚歌。城内楚军以为楚国已被汉军攻占了，再也无心恋战，纷纷出城向汉军投降。项羽虽然带着几百人冲出了重围，但自觉无颜再见江东父老，终于自刎于乌江之畔。

史书上也记载了真正利用风筝通信的例子。《新唐书》上写了这样一个故事：公元782年，唐朝节度使田悦发动叛乱，带兵包围了临洛城，朝廷派马燧前去救援，但田悦的军队封锁得很严密，无法与城内守军取得联系。这时守军将领想出了一个巧妙的办法，让人把联络用的信件绑在风筝上，向援军驻扎的方向放飞。叛军看到风筝明白了守军的意图，于是纷纷向风筝射箭，无奈风筝飞得太高，叛军鞭长莫及。守军和援军联络上后，里应外合，很快打退了叛军，解了临洛之围。

苏武

苏武是中国西汉大臣。他在出使匈奴时被匈奴扣押，但是他不肯屈服，匈奴人不忍心杀他，就让他去放羊，说如果公羊能生出小羊来就放他回国。可是苏武不屈不挠，坚持到头发都白了。

最后，终于凭着坚定的信念等到了匈奴战败求和，才回到中国。

苏武牧羊图

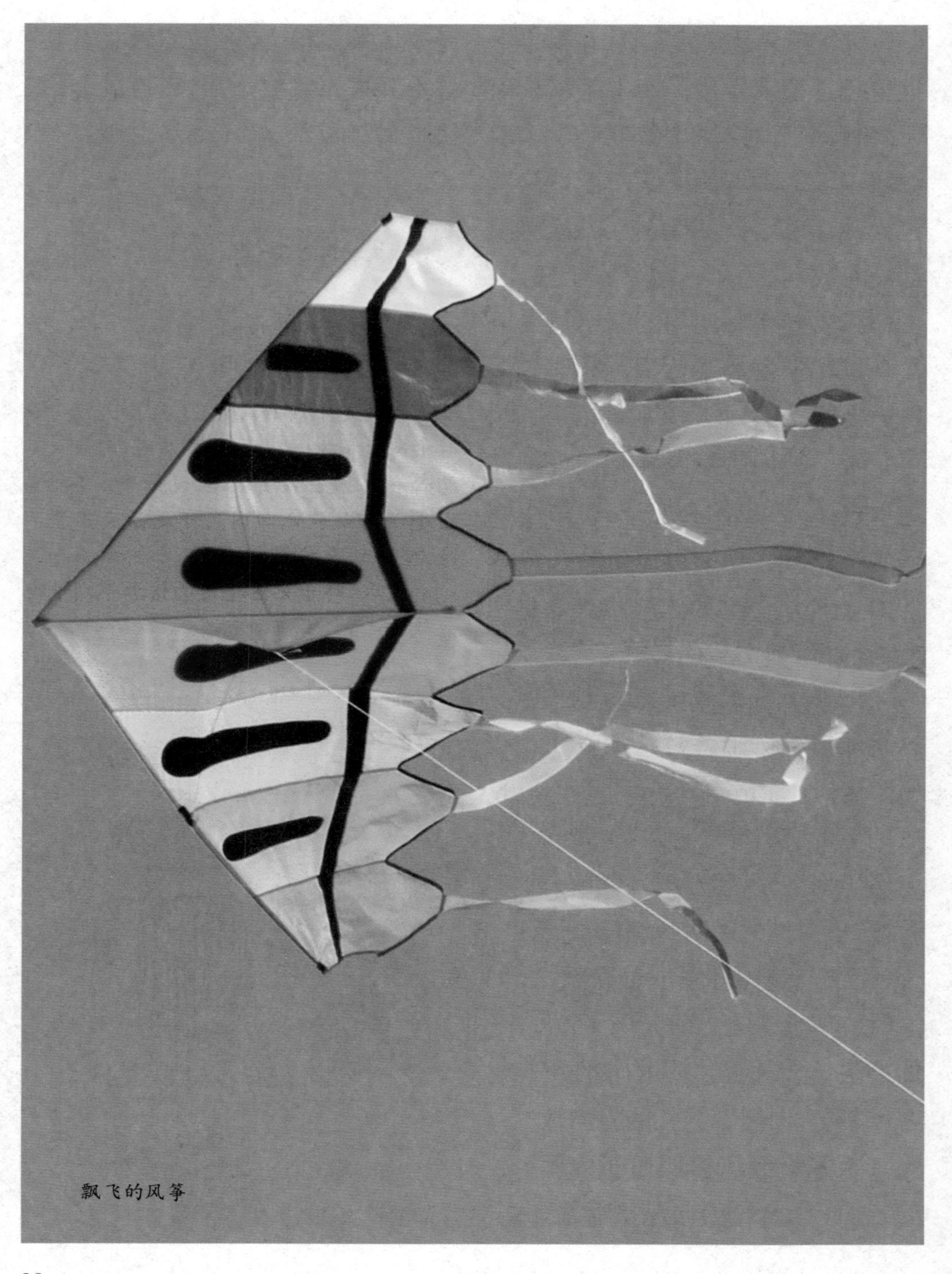

飘飞的风筝

第2章

移动通讯的先导

◎ 移动通讯技术的前导——无线电通讯
◎ 移动通讯技术的产生
◎ “在路上”联系——第一部移动电话的问世
◎ 无法联络——是什么干扰了移动信道
◎ 船舶电话
◎ 航道电话
◎ 汽车电话

一、移动通讯技术的前导——无线电通讯

在科学技术高速发展的 19 世纪，各门学科都在不断地出现一些神奇的新发现，尤其是在电学方面，更是取得了史无前例的成就，发电机、电动机、电灯、有线电报、有线电话、电唱机等都陆续诞生，也就是在这个时期，通信史上的又一宏伟篇章——无线电通信已经由赫兹的实验拉开了序幕。

早期电话

通讯电缆

我们知道有线电报需要敷设传输电缆。当两地相距较远的时候，电缆还要穿山越岭，跨洋渡海，工程十分巨大，而且很难把电缆铺设到那些偏僻的、环境恶劣的地区。不仅如此，有线通信还有一个限制，它只能在固定的线路上使用，而在移动的物体上，比如船舶、火车、汽车就不行了。

怎样才能让通讯装置摆脱电线的限制呢？这个因为人们的需要而

无线通讯设施

出现的课题，成为许多人研究的对象。这时候赫兹已通过实验证明了电磁波的存在，而电磁波能够跨越高山峻岭、大漠和海洋，不受阻挡地在空间传播。如果能让电磁波携带信息，在两地间传送，不就可以摆脱导线的限制了吗？许多有识之士都想到了这一点。就在赫兹完成他的验证实验的第二年，他的一位朋友就在信中向他问起了电磁波在通信上的应用价值。尽管当时赫兹在电磁波方面做了开拓性的工作，但他对电磁波的了解也并不全面。另一方面作为一个理论物理学家，他对应用科学重要意义还缺乏足够的认识，所以对于朋友的建议他在回信中予以了否定。

以后的数年，赫兹的观点对电磁波的发展起了很大的影响。尽管许多大学都添置了赫兹的实验装置，但在人们眼里它只是一个物理实验，很少有人想到它的应用价值。但是真正有价值的东西是不会被永远埋没的。18 世纪的最后几年，出现了一批敢想敢干的年轻人,他们头脑中没有传统观念的束缚,只有对真理的执着追求,因而成功地完成了电磁波从实验室走向应用领域的转变。这批年轻人中有两个杰出代表,一个是意大利人马可尼,另一个是俄国人波波夫。

马可尼从小就是一个很有独立见解和独创精神的人,当他还是少年时就制作了许多种神奇的装置,显示出超人的才华。马可尼的母亲是个爱尔兰人，父亲是富有的意大利商人,小时候他常常随母亲坐船飘洋过海去英国甚至是北美探亲访友。旅途中,当船只航行在一望无际的大海上时，常常遇到一些意想不到的麻

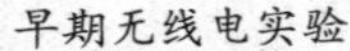

早期无线电实验

马可尼

烦，可是又无法和陆地及其他正在航行的船只取得联系。于是，他常常想，能不能找到一种通信工具，当船在海上航行时，也能和陆地取得联系呢？这种想法一直记在他心里。

1894年，20岁的马可尼由于一次偶然的机会在一本电磁杂志上读到一篇介绍赫兹研究电磁波的文章。这篇文章唤醒了马可尼少年时代的幻想。如果使用电磁波传递莫尔斯电码，不就可以不再被电缆束缚吗？他说服了父亲，并从他那里得到一切财政支持。于是他开始在意大利波伦亚他父亲的庄园里进行无线电报的实验。

马可尼依靠自己在发明方面的天分和勤奋的工作，经过一次次电磁波的发送和接收实验，没过多久，居然就能在140公尺的距离间进行通信了。这一成功大大增强了马可尼的信心。经过进一步的改进，到1895年夏天，他在父母住宅的楼顶和1.7千米远处的山丘之间进行了通信实验，并取得了成功，这时马可尼也只有21岁。

马可尼设计的无线电发报装置很像当年赫兹的实验装置。当按下莫尔斯电键时，线圈两端就会产生瞬时高压，于是两个金属小球间就会迸发出电火花，这些火花产生的电磁振

无线电发报机

荡就会通过天线向外发射电磁波。这种最原始的电磁波发射器后来被称为“火花振荡器”。马可尼的无线电报接收装置采用了法国物理学家

国际标准摩斯密码							
1	.----	A	.-	N	-.	[·]	.-.-.-
2	..---	B	-...	O	---	[,]	--..--
3	...--	C	-.-.	P	.--.	[:]	---...
4	....-	D	-..	Q	--.-	[']	.----.
5	.....	E	.	R	.-.	[?]	..--..
6	-....	F	..-.	S	...	[-]	-....-
7	--...	G	--.	T	-	[/]	-..-.
8	---..	H	....	U	..-	[=]	-...-
9	----.	I	..	V	...-	[()]	-.--.-
10	-----	J	.---	W	.--	可送	--
		K	-.-	X	-..-	可待	.-...
		L	.-..	Y	-.--	了解	...-.
		M	--	Z	--..	终了	...-.-
						始信	-.-.-

摩斯密码

布兰利的发明成果——粉末检波器。粉末检波器有一个很细的玻璃管，管中装有细小的金属屑，两端各有一个电极，当有电磁波传过来时，在两端的电极上产生感应电势，金属屑会互相吸引而彼此粘结起来。于是检波器呈导电状态。粉末检波器还有一个自动敲击装置，在没有电磁波信号时，金属屑往往仍保持粘连状态而不能马上分离。敲击装置能自动敲击以产生振荡使瓶内的金属屑得以马上分开。

马可尼的收报装置，当粉末检波器接收到信号而导电，电报机上就有电流流过，并会自动在电报纸上打出莫尔斯电码的“点”和“划”来。这样发射端发出的莫尔斯电码文就可以在接收端反应出来。

赫兹

全名海因里希·鲁道夫·赫兹，是德国物理学家。1888 年，赫兹首先证实了电磁波的存在，并对电磁学有很大的贡献。因此以他的名字命名频率的国际单位制单位赫兹。

第2章
移动通讯的先导

二、移动通讯技术的产生

马可尼在取得了初步成功之后并没有停步，因为当时的通信距离太短，还无法进行商业应用。1896年2月，年轻的马可尼离开了祖国意大利，来到了当时的世界科学的中心地带之一伦敦，继续进行他的无线电通信研究。

“无线电之父”马可尼

在伦敦他得到了英国邮局的工程师的帮助。1897年5月，利用风筝做天线，他的无线电报的距离已经扩大到10多千米。又过了几个月，马可尼成立了自己的公司——英国马可尼公司，开始在通信领域进行商业活动。1898年夏天，马可尼首次将无线电报用于商业活动，他从爱尔兰海的一个小汽船上向德国首都柏林报告一场赛船比赛的情况。

不久，马可尼在扩大传送距离方面取得了突破性进展，他发现了发报机和收报机之间谐振的重要性，于是在试验装置中加入了耦合器——一个调谐线圈，大大增加了无线电报的传输距离。1899年，马可尼成功地实现了跨越40千米长的英吉利海峡的无线通信。

马可尼研究无线电

英吉利海峡

马可尼开始将他的无线电通信设备装置在远洋轮船上，第一艘配备无线电报台的是美国邮船“圣保罗”号。以后无线电报在海洋通信上发展很快，俄国的波波夫也在为俄国海军装备无线电台。特别是1912年，当时世界上最豪华的巨型客轮“泰坦尼克”号下水后首次航行到加拿大纽芬兰岛附近海面时撞到冰山而沉没。撞到冰山后，“泰坦尼克”号不断利用无线电报台向外发送“SOS”求救信号，但是距离最近的一艘轮船上由于没有安装无线电报台，所以不知道这一灾难的发生，而等到出事时距“泰坦尼克”号比较远的另一艘轮船收听到呼救信号并最终赶到出事地点时，只救起了700多名乘客。这场大悲剧中死难者创记录地达到了1500多人。这场灾难使人们认识到无线电通信对于轮船航行的重要性。

因此，国际无线电会议规定，凡出海航行的大型轮船必须配备无线电通信装置。当然这些都是后话，现在我们再看看马可尼的研究工作的进展。

马可尼完成了跨越英吉利海峡的无线电通信后，信心大增，又一个雄心勃勃的计划在他的头脑中诞生了。那就是，让电信号跨越波涛汹涌的大西洋！当时大西洋海底已经敷设了连接欧洲和北美的海底电缆，但海底电缆的容量有限，并且由于人为事故和自然灾难的发生，海底电缆常常遭到破坏，而重新敷设又需要庞大的工程费用。所以，如果马可尼的设想能得到实现，人们将会受益无穷。

但马可尼的大胆设想并没有得到多少人的支持，一些理论权威嘲笑马可尼的计划是一个狂妄而无知的计划。当时人们对无线电波的传输

泰坦尼克号

了解不多，许多学者都认为无线电波是沿着直线传播的，而地球又是圆的，所以无线电波传输不了多远，就会沿着直线飞离地球，根本不可能跨越大西洋后还能接收到电波信号。面对这么多顽固的反对者，马可尼再次显示出了他不因循守旧、敢于向传统理论挑战的勇气。他坚信无线电波一定可以实现长距离通信。

马可尼制造了一套功率更大的振荡器和一个更灵敏的接收器。1901年底，马可尼带着他的试验装备赶到了加拿大的纽芬兰，他的助手则留在英国。他准备作出一项献给刚刚来临的20世纪的伟大创举——实现跨越3700千米大西洋的无线电通信。1910年12月12日是通信史上又一个不平凡的日子。

这一天马可尼静静地坐在纽芬兰一座小山的钟楼里，手拿无线电听筒准备接收英国的助手发来的无线电信号。不巧这时突然起了风暴，接收机的天线被刮断了，眼看联络的时间就要到了，怎么办呢？马可尼急中生智，找来了一个风筝，并把它放飞到四百公尺的高空当作天线，很快联络的时刻到了。这是一个激动人心的时候，只听到筒里传出了三声微弱

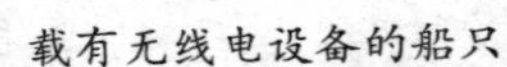
载有无线电设备的船只

自然界存在无线电波

加拿大纽芬兰

的“滴嗒”声，成功了，马可尼立即被一股巨大的喜悦所包围，一些理论家所宣称的无线电通信的禁区被他彻底打破了。

电磁电报机

马可尼成功的消息，立即轰动了整个世界，人们在通信领域又发现了一块新大陆，通信事业由此进入了一个崭新的阶段。马可尼这位给无线电通信带来光明的人，因为这卓越的贡献，1909 年获得了诺贝尔物理学奖金。

在马可尼成功地完成了跨越大西洋无线电通信后，无线电事业开始以前所未有的速度向前发展。特别是二极管和三极管的发明更是大大推动了无线电的发展。

无线通信与移动通讯都是靠无线电波进行通信的，所以它们既有联系又有区别。首先，移动通讯肯定是无线通信，移动通讯涵盖了无线通信的基本技术，但无线通信侧重在无线性，而移动通讯更注重于移动性，突出动中通、优质通、个人通。正因为如此，移动通讯对无线电波频率的选择更加谨慎，要求更高，大都选择超短波以上的工作频段。

从 20 世纪 20 ～ 40 年代初，移动通讯就有了初步的发展，不过当时的移动通讯使用范围非常小，主要使

发报机曾广泛应用在军事上

无线对讲机

耦合器

耦合器是在微波系统中，能实现功率分配问题的元件，也称为功率分配元器。主要包括：定向耦合器、功率分配器以及各种微波分支器件。这些元器件一般都是线性多端口互易网络。

用对象是船舶、飞机、汽车等专用移动通讯以及运用在军事通信中，使用频段主要是短波段。

人们所称的第一代移动通讯系统，是诞生在20世纪70～80年代，当时集成电路技术、微型计算机和微处理器技术快速发展，美国贝尔实验室推出了蜂窝式模拟移动通讯系统，使得移动通讯真正进入了个人领域。

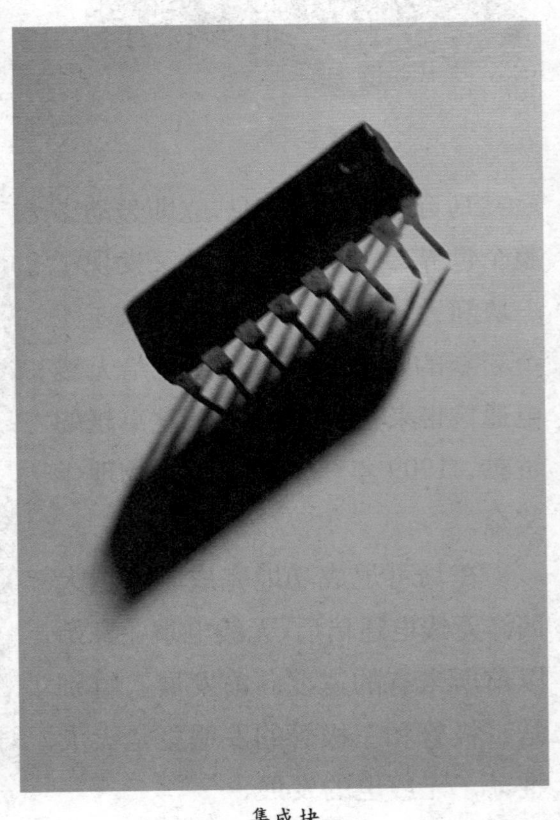

集成块

现代无线电设备——雷达

三、“在路上”联系——第一部移动电话的问世

无线电话主要是由发射机和接收机组成。如果发射机和接收机的位置是固定的，那当然很好办，只要发射的功率足够大，能够覆盖接收机所处的区域就可以了。移动通讯的困难是在接收机的载体一般是处于移动之中的，如果接收机随着载体超出发射机的覆盖范围就不行了。

基站

多媒体智能电话机

陆地上使用的移动通讯装置，比如汽车电话、手持机、无线寻呼机等采用分区制，是把一个城市或更大的区域划分成许多小区，每个小区都有一个基站，基站实际上就是一个大功

率发射台，当然也有接收系统，移动电话一般都是双向的，即既有发射功能又有接收功能，也就是既能讲又能听，通过基站与这个小区里需要得到服务的移动电话取得联系。各基站又与一个总的控制局联接，并受总局控制。控制局再通过交换机和电话局与市内电话网沟通。

第一代移动通讯技术

分区方式有许多种，最主要的一种是蜂窝状小区制，相邻的小区使用的频率并不相同，以避免互相干扰。但控制局通过计算机系统能随时侦察出移动电话的位置。当移动电话从一个小区进入另一个小区时，控制局能自动切换它所使用的频率而不会引起通信的中断。

所以采用六边形的蜂窝状分区方式是因为这种方式覆盖面积最大，重叠面积最小，必要的频率数也最少。六边形组合的优越性蜜蜂是体会最深的。它们建成的六边形的蜂房是一种在使用建筑材料一定的情况下，建筑面积最大的建筑形式。所以人类对蜜蜂的建筑技巧常赞叹不已。

当然也还有一些其他的分区方式。比如火车无线电话采用的分区方式就比较简单，由于火车是在固定轨道上行驶，只要把铁路线分成相等的若干区域，每个区设一个基站，装有一套无线电收发电报机就行了。和蜂窝状分区一样，也要设一个（或几个）中心局对基站进行控制，并负责火车从一个区进入另一区时的频率转换。

还有一种被称为“二哥大”的集群电话，它只有一个大区，而并不分成许多小区，大区内有一个或几个功率比较大的中央基站，但它的覆盖范围有限，用户数量也不是很多，比较适合在大型工厂、煤矿、公安部门等内部使用。

第一代通讯设施——大哥大

集群电话

集群电话是采用多信道共享、调度功能的无线通信系统。它的优点是多信道共用可使有限频率资源为大量用户共享；信道还采取动态分配，就是在话音间隙时，信道便自动分配给其他用户使用，有效地提高了信道可用时间，减少了信道阻塞率。

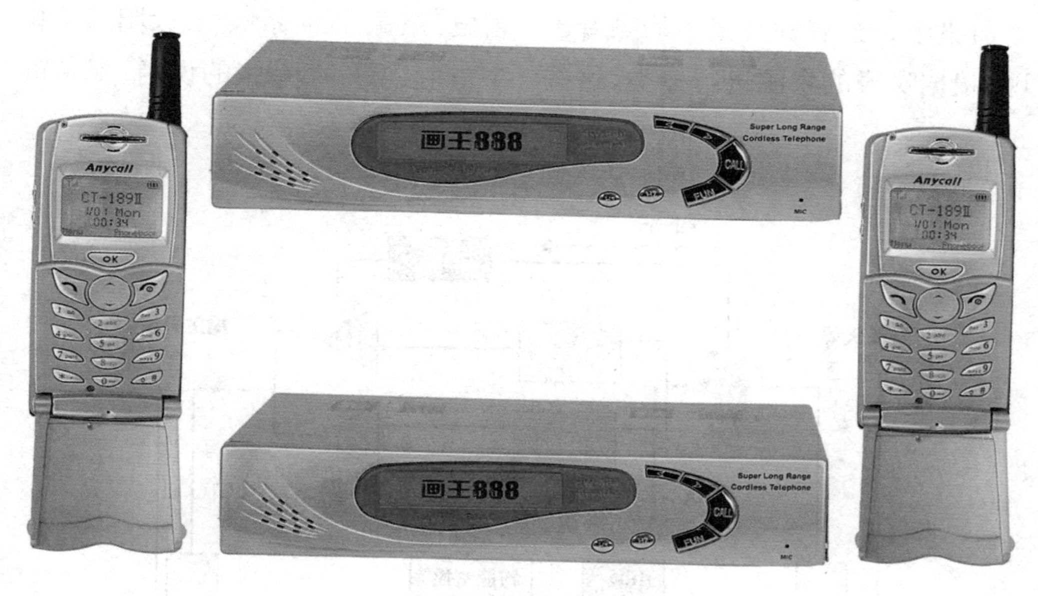

画王集群系列无绳电话机

四、无法联络——是什么干扰了移动信道

移动通讯虽然很方便快捷，但是由于技术方面的问题，会产生噪音和干扰两个不可避免的麻烦。

首先出现的问题是噪声。在移动通讯中，会有种类很多的噪音出现，根据噪声的来源进行分类，这些噪音一般可以分为三类：

第一种是自然噪声。自然噪声是指存在于自然界内部的，由于各种电磁波源的干扰所产生的噪声。如雷电、磁暴、银河系噪声、太阳黑子和宇宙射线等。不夸张的说，整个宇宙

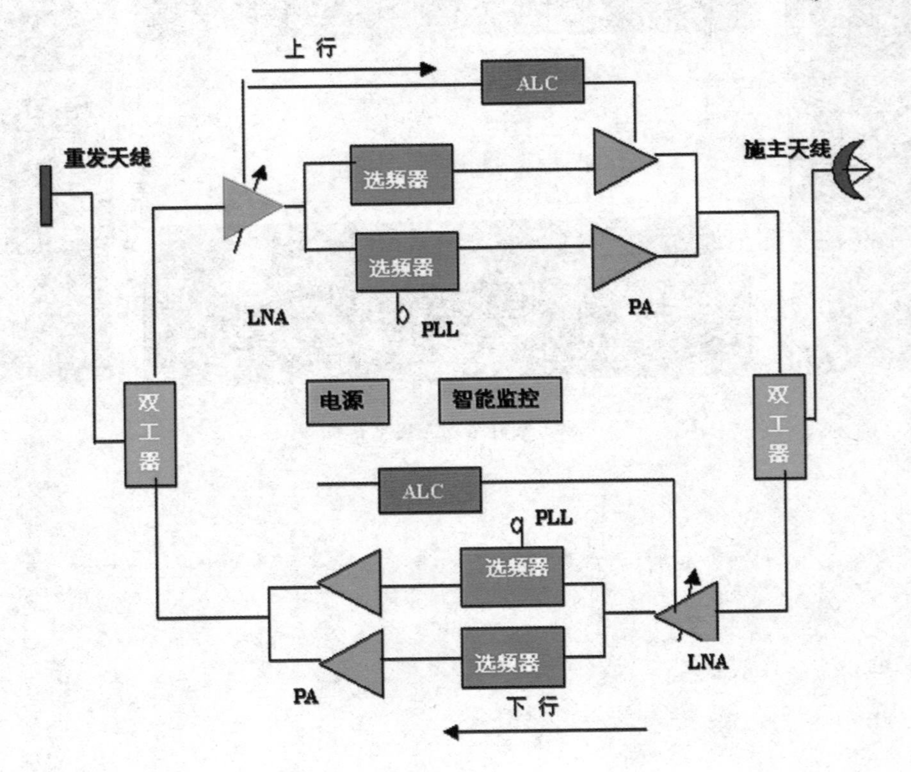

移动信道

空间里所发生的变化，都会成为噪声产生的来源。

第二种是人为噪声。人为噪声是指人类活动所产生的，会对通信造成干扰的各种噪声。其中还细分为工业噪声和无线电噪声。工业噪声的来源是产生于各种电气设备，如开关接触噪声、荧光灯干扰及工业的点火辐射等。无线电噪声则是来源于各种无线电的发射机器，如宽带干扰、外台干扰等。

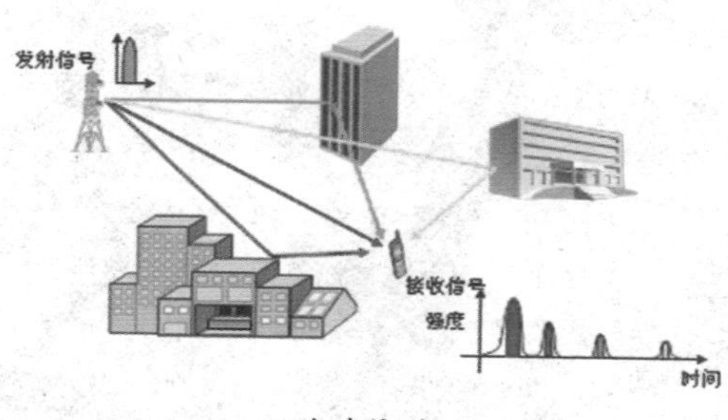

移动信道

第三种是内部噪声。内部噪声一般指通信设备运营本身产生的各种噪声。它一般来源于通信设备组成中的各种电子器件、天线和传输线等。

内部噪声又被细分为两类：一类是有源霰弹噪声。主要的来源是通信设备中各种有源器件，如晶体管、电子管以及各类大规模集成电路中的载流子的起伏变化而产生。这种噪音的特点和无源噪声的特点类似。这种噪音和无源白噪声的唯一差异，就是有源霰弹噪声是在一定激发条件下才产生大量电子发射而形成。

另一类是无源热噪声。这种噪

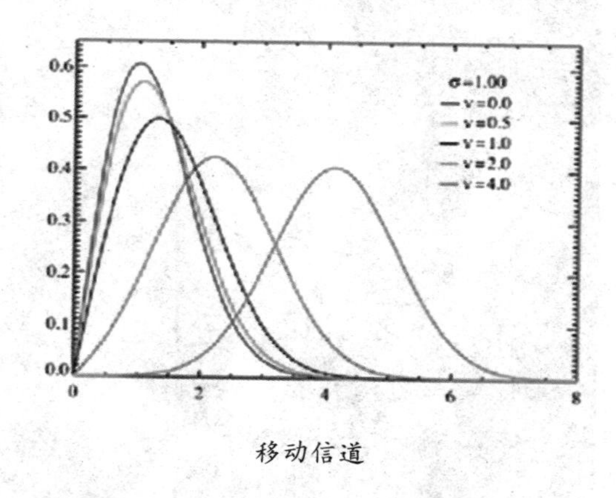

移动信道

音的来源是在通讯中所使用的一切无源器件，如电容、电阻和电路板的分子热运动所引起的噪声。

其实，影响移动通讯性能的噪声主要是加性高斯白噪声，这种噪音并不是移动通讯特有的。这种噪音在大多数的通信系统中都存在，它的主要来源其实是热噪声。

除了噪音之外，干扰也是移动通讯中最常出现的麻烦之一。移动通讯中的干扰一般分为下面五种情况。

电路板

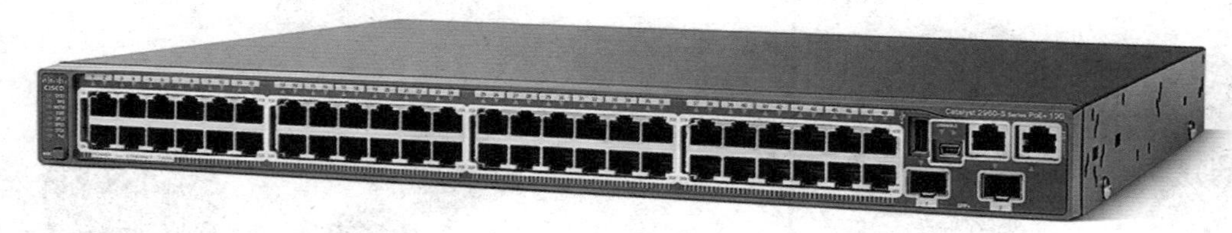

信号交换机

第一种是同频干扰。同频干扰其实就是指相同载频电台之间的相互干扰。如果频率管理或系统设计出现问题,就会出现同频之间的干扰;在移动通讯系统中,为了提高频率利用率,在相隔一定距离以外,可以使用相同的频率,这称为同信道复用。采用同频复用时,同频复用距离设置不当,会引起同频干扰。

第二种是邻频干扰。邻频干扰是由于发射机的调制边带扩展和边带噪声辐射,离基站近的频道发出的强信号干扰离基站远的频道所发出的弱信号。

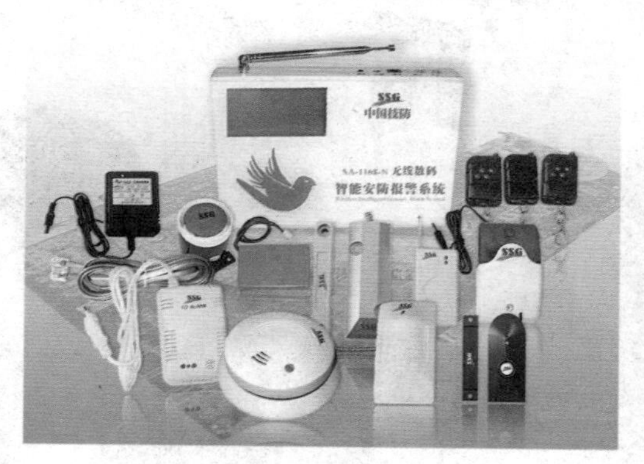

防同频干扰设备

第三种是互调干扰。互调干扰是由于传输信道中的非线性电路产生的。这种干扰是指两个或多个信号作用在通信设备的非线性器件上,

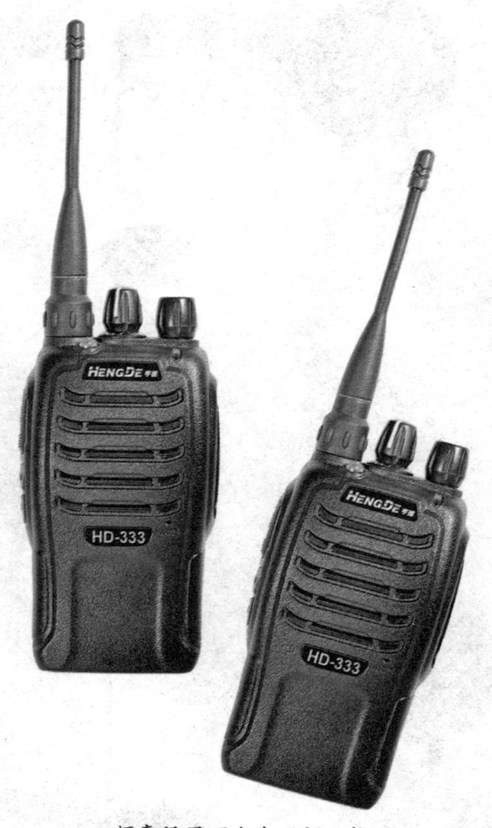

频率设置不当会互调干扰

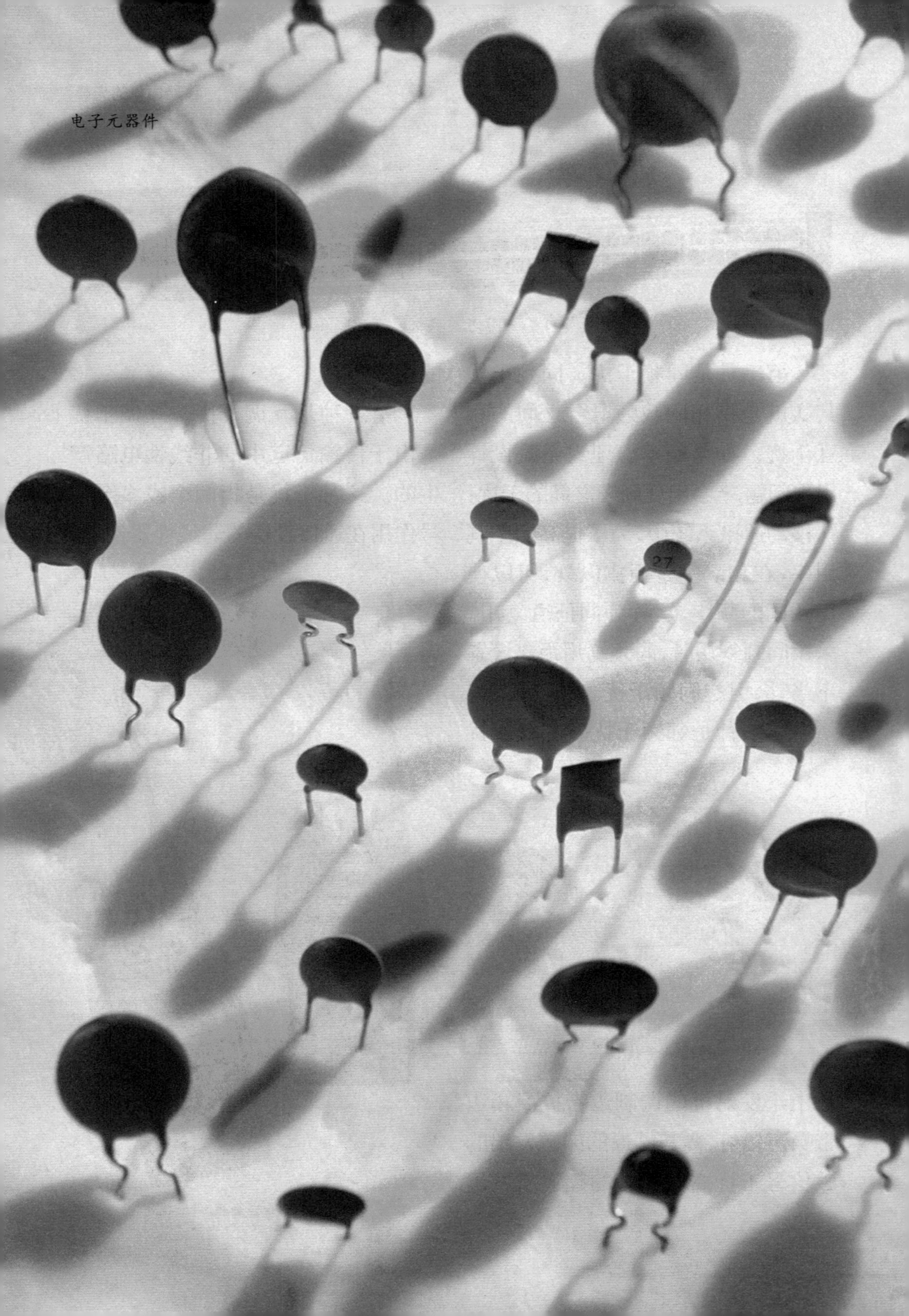

电子元器件

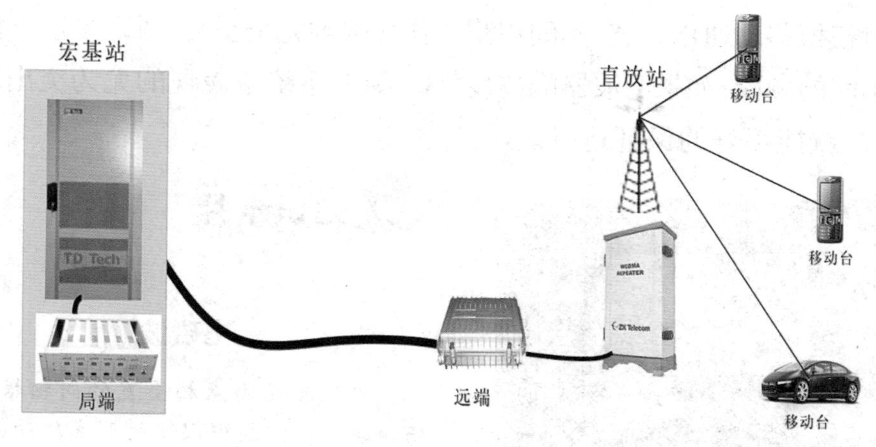

分布式基站原理图

产生同有用信号频率相近的组合频率，从而对通信系统构成干扰的现象。

第四种是多径干扰。多径干扰主要是由于电波传播的开放性和地理环境的复杂性而引起的多条传播路径之间的相互干扰。它实质上是一类自干扰。这种干扰在数字与数据通信情况下，一般表现为码间干扰及高速数据的符号间干扰。多径干扰的强度与多径时延宽度与码元宽度的比值有关，而不是受干扰的绝对值。这一结论对符号干扰也是一样的。

基站

这种多径干扰，在使用CDMA系统的时候，显示的尤为严重。

还有一种是多址干扰。多址干扰是由于在移动通讯网中同时进行通信的是多个用户，多个用户信号之间的正交性不好所引起的。

对模拟移动通讯系统，不同用户使用不同的频段，如果滤波器隔离度做得好，就能很好的保证运行。

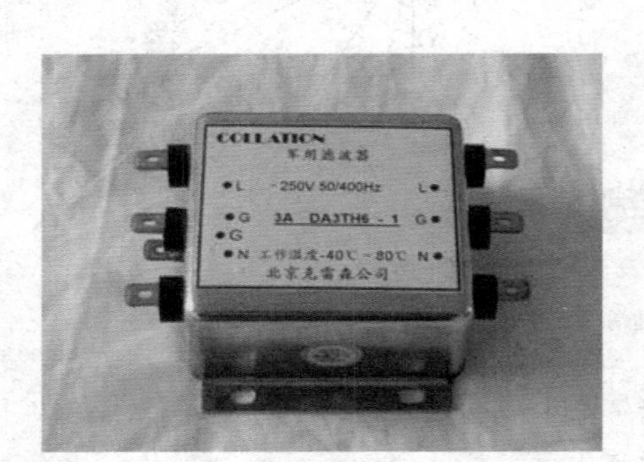

军用滤波器

对于 GSM 系统，不同用户使用不同的时隙，主要时间选通隔离度做的好，也能很好的保证正交，而 CDMA 系统，小区内的用户使用相同的频段，相同的时隙，不同的用户的隔离是靠扩频码来区分，而这种码往往很难完全正交，所以多址干扰在 CDMA 系统中表现的尤为突出。

电磁波

电磁波是由互相垂直的同相振荡电场和磁场在空间中以波的形式移动，它的传播方向和电场与磁场构成的平面垂直，能有效的传递能量和动量。人眼可以接收到的电磁辐射，波长大约在 380 ～ 780 纳米之间，称为可见光。只要是本身温度大于绝对零度的物体，都可以发射电磁辐射，而世界上并不存在温度等于或低于绝对零度的物体。电磁辐射可以按照频率分类，从低频率到高频率，包括有无线电波、微波、红外线、可见光、紫外光、X 射线和伽马射线，等等。

滤波器

五、船舶电话

随着移动通讯技术的发展，海洋通信不仅使用无线电报，而且早就用上了无线电话。这些无线电话广泛地用在业务联系，定时报告船位和进出港日期，听从陆地调动指挥。船上的海员还可以利用无线电话在遥远的大洋向陆地上的亲属说点悄悄话，使得寂寞的海上生活多了一些温暖

海洋通信

和欢笑。

安全通信历来是海上移动通讯的重要内容。在海上航行的船舶，随时会面对着风浪、暗礁、浅礁以及船舶碰撞的危险。船舶电话给船员们带来了更多的安全。

海上的气象预报是船舶通信不可缺少的内容。因为海上的飓风对船只威胁最大，世界上每年都有船只因受飓风的袭击而翻船沉没。所以沿海各国组成了海上无线通信网，定时向船舶发布各个海域的气象资料。

船舶电话和汽车电话一样，是把无线电话安装在船上，沿岸设立基地台，使无线电波覆盖沿岸海面。为了增大船、岸之间的通信距离，一般都将基地台安装在地形最高的地方。如果船上的海员想与家人通电话，船舶电话就把电波发射到基地台，经中继线传至陆地有线电话局：通过电话局的线路即可把家里的电话接通。船舶装载的货物总是很多、很杂。在进入一个国家的海关时，报关是很麻

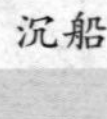
沉船

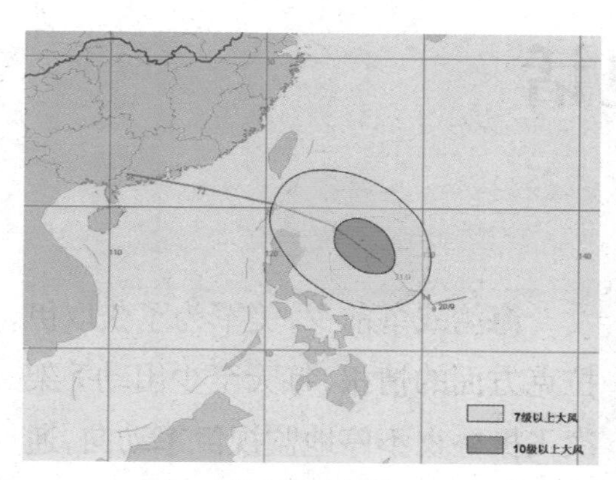

海上大风预报

烦的事，要费很多时间。现在有了船用电话，在海面上就可以提前几天通过船用无线电话信道及无线电终端设备把船上的货物清单、船员和乘客名单一一报告海关。当然这是通过计算机的数据通信完成的，不能靠人用嘴念。等到船只进港，一切手续齐备，可以大大节省时间。

飓风

飓风是指大西洋和北印度洋地区强大而深厚的热带气旋，最大风速达32.7米/秒，风力为12级以上。飓风中心有一个风眼，风眼愈小，破坏力愈大。

飓风

六、航道电话

飞机上的无线电通信，最早使用是从第一次世界大战开始。飞机在空中激战，飞行员要时时刻刻与战友保持联系，协同作战，还要和地面指挥员联系，接受命令。侦察机到敌人上空侦察，得到的情报也要通过无线电话汇报给地面指挥部。

海湾战争前夕，美军为了获取伊拉克方面的情报，每天至少出动5架次飞机昼夜不停地监视伊军动向，通过飞机上的现代化通信设备及时向地面指挥部汇报，有时还将重要情报通过卫星的保密通道，直接传送到美国国防部。战争促进了空中无线电

第二次世界大战时的飞机

航空港

通信技术的发展。

和平时期，人们将空中无线通信技术转到民用方面。作战飞机变成了巨大的喷气式客机，飞翔在万米以上的高空。尽管它离地面非常远，飞机上的驾驶员仍能与地面保持着不间断的联系。身处地面的空中调度员通过地对空无线电话，对飞行员发布命令。大型航空港非常繁忙，几分钟就起落一架飞机，天空中飞机太多，稍不留心就会发生撞机的灾难。所以，机场调度人员要通过无线电话指挥飞机有秩序地起飞和着陆。

大型客机做长途旅行时，要经常与地面保持通信联系。飞机误点或提前到达，都要通知机场，使他们作好接机的准备工作。有时候飞机上发生意外事故，例如劫机事件，还可以通过无线电话通知地面，采取应急措施，以保证飞机的安全。

随着航空事业的发展，航空公司不但为旅客提供了方便舒适的客舱，有的大型客机还安装了空对地航空电话。这些航空电话与各城市的电话网相联，旅客只要将信用卡插入电话机中，直拨对方的电话号码，就可

大型客机

无线电手台

以和地面通信，使用起来跟打普通电话一样。近年来，一些航空公司向乘客提供了全球卫星通信业务。乘飞机的旅客可以在飞机上使用无线电话与地面上的国际电话网络进行通信，并且可以进行计算机通信。1993年4月21日，中国国际航空公司在2448号客机上安装的旅客用无线电话正式启用。这是世界上第8家航空公司在第21架飞机上开设的旅客移动通讯服务。

知识卡片

无线电

自由空间传播的电磁波称为无线电。

研究发现，导体中电流强弱的改变会产生无线电波。利用这一现象，通过调制可将信息加载在无线电波之上。当电波通过空间传播到达收信端，电波引起的电磁场变化又会在导体中产生电流，通过解调将信息从电流变化中提取出来，就达到了信息传递的目的。

无线电最早应用在航海中，现在，无线电有着多种应用形式，包括无线数据网，各种移动通信以及无线电广播等。

七、汽车电话

现代生活中，人们有不少时间是在车上度过的。如果把无线电话安装在汽车上，人们就可以充分利用路途中的时间进行通信联系。

据说，最早使用汽车电话的是美国警察。他们为了在巡逻和追捕罪犯的途中和总部联系，就把无线电话安装在警车上。后来，消防车也装上了无线电话，这样就能在路途中或者救火现场向总部报告火情，请求增援。火灾现场的有线通信设施常常被大火破坏，所以车载电话在消防工作中往往发挥了十分重要的作用。随着汽车电话技术和无线电元器件

汽车电话最早使用在警车上

技术的不断发展，许多运货卡车、出租车、急救车以及私人汽车也相继安装了汽车电话。公路管理部门也离不开汽车电话。如果某个路段发生了交通事故造成车辆堵塞，或者洪水冲垮了道路，交通警可以在现场用汽车电话指挥周围几千米之内的汽车绕道行驶。

救护车上的电话更是必不可少的。在汽车开往医院途中，医生可以向医院报告病人的情况，向资深医生请示急救措施，同时通知医院根据病情做好准备工作，一旦救护车到达就可以不失时机地进行正确的救治。

汽车电话都有一个小型控制器，上面有拨号键和开关，还有一个送受话器。控制器通常在司机室内，与仪表、收音机等装在一起，收发机安放在座位下面，不会妨碍乘客的活动。天线装在车顶。

使用时拿起汽车电话上的手机，即送受话器，当手机离开叉簧时，发射机发出一个信号，基地台收到这个信号后，由终端机自动选择一个空闲频道，并由基站发射机通知汽车电话可以拨号。当听到拨号音后，就可以拨对方的电话号码了。拨号脉冲经过基地台、汽车电话局，接通当地电话交换机。通过电话线路，就接通了

装有电话的汽车

车载电话

配有车载电话的先进救护车

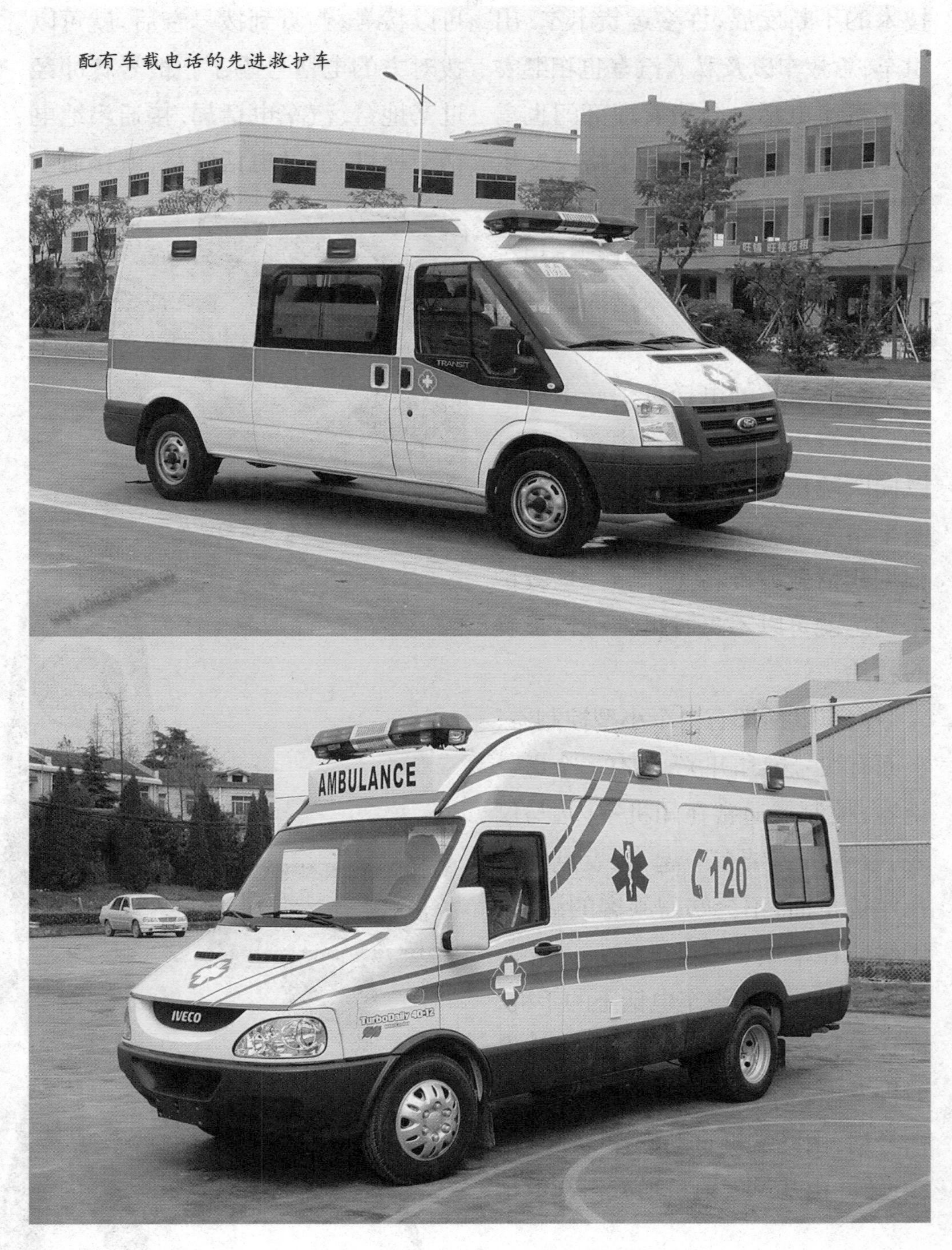

当地的有线电话。当对方拿起送话器时，汽车电话交换机中的计费器开始计费。

如果所有的频道都有人占用，我们从叉簧上取下手机时，汽车电话主机面板上的“占线”灯就会发亮，同时耳机中传来占线忙音，只能挂机等待。

无线通信

无线通信主要包括微波通信和卫星通信。微波是一种无线电波，它传送的距离一般只有几十千米。但微波的频带很宽，通信容量很大。微波通信每隔几十千米要建一个微波中继站。卫星通信是利用通信卫星作为中继站在地面上两个或多个地球站之间或移动体之间建立微波通信联系。

汽车电话

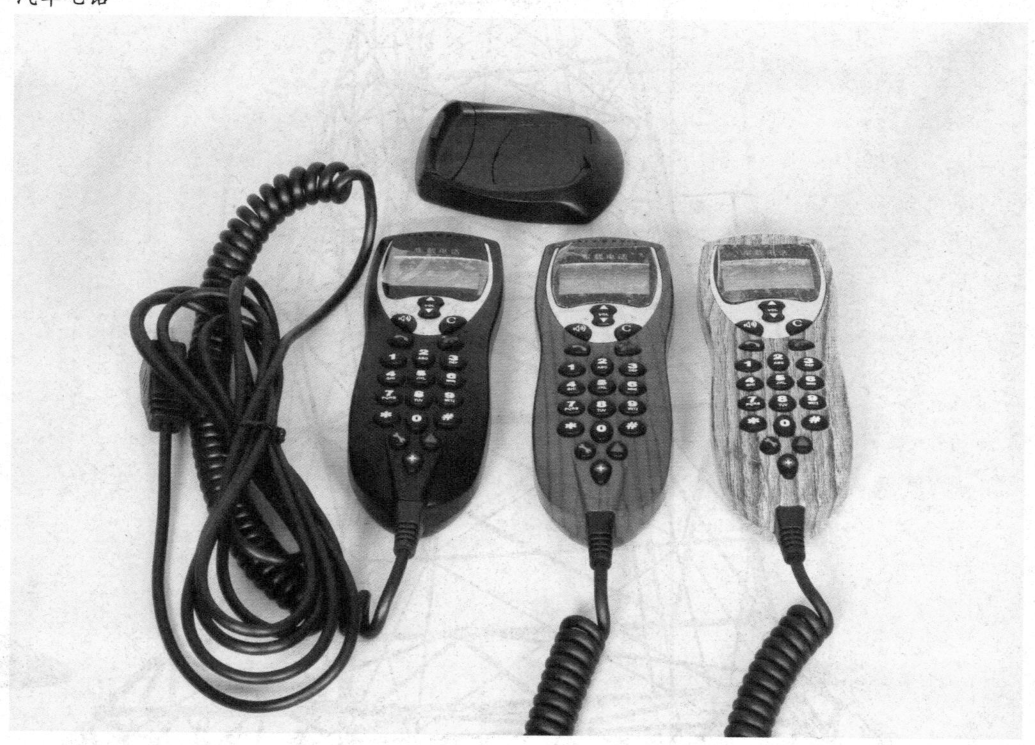

无线通信塔

第3章

缓慢的开篇
——一代和二代移动通讯

◎ 最初的移动通讯——1G的诞生
◎ 通讯转变的第一步——2G的产生
◎ 2G的业务和功能
◎ 从2G向3G过渡

一、最初的移动通讯——1G 的诞生

第一代 1G 移动通讯技术是指最初的模拟、仅限语音的蜂窝电话标准，制定在 20 世纪 80 年代。Nordic 移动电话就是这样一种标准，他被广泛的应用在东欧以及俄罗斯。其他还包括美国的高级移动电话系统，英国的总访问通信系统以及日本的 JTAGS，德国的 C-Netz，法国的 Radiocom2000 和意大利的 RTMI。模拟蜂窝服务在许多地方正被逐步淘汰。

1G 表示第一代移动通讯技术，以模拟技术为基础的蜂窝无线电话

Nordic 移动电话

系统，如现在已经淘汰的模拟移动网。1G 无线系统在设计上只能传输语音流量，并受到网络容量的限制。AMPS 为 1G 网络的典型代表。

移动通讯网从 80 ~ 90 年代，短短的 20 年时间，迅速地从第一代模拟移动通讯向第二代数字移动通讯系统发展，目前也已实现第三代移动通讯。从当前来看，数字移动通讯系统已经取代了模拟移动通讯系统，是因为模拟移动通讯系统已逐步退出市场。

作为移动通讯系统的早期阶段，模拟移动通讯系统为后来的移动通讯系统提供了许多重要的概念，如频率复用、网络结构、呼叫、切换等概念。

模拟移动通讯系统是蜂窝移动通讯系统发展的早期阶段，在 1946 年，第一种公众移动电话服务被引进到美国的 25 个主要城市，每个系统使用单个大功率的发射机和高塔，覆

移动通讯需要卫星转接

信号发射塔

盖地区超过 50 千米，提供的服务由于呼叫阻塞和数量很少的频道数而不能满足使用。

蜂窝电话

在 50 和 60 年代，AT&T 的贝尔实验室和全世界其他的通信公司发展了蜂窝无线电话的原理和技术。利用在地域上将覆盖范围划分成小单元，每个单元复用频

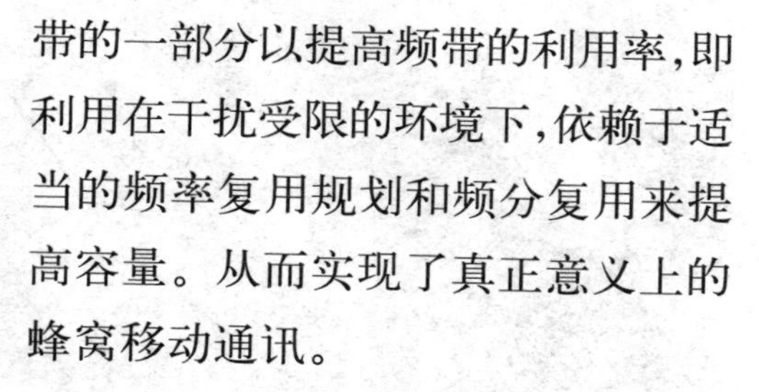
带的一部分以提高频带的利用率，即利用在干扰受限的环境下，依赖于适当的频率复用规划和频分复用来提高容量。从而实现了真正意义上的蜂窝移动通讯。

一个典型的模拟蜂窝电话系统是在美国使用的高级移动电话系统，从根本上说，所有第一代移动通讯系统都是采用蜂窝状的通信结构。

AMPS 系统采用 7 小区复用模式，并可在需要时采用扇区化和小区分裂来提高容量。与其他第一代蜂窝系统一样，AMPS 在无线传输中采用了频率调制，在美国，从移动台到基站的传输使用 824 ~ 849 兆赫的频段，而基站到移动台使用 869 ~ 894 兆赫的频段。每个无线信道实际上由一对单工信道组成，他们彼此有 45 兆赫分隔。每个基站通常有一个控制信道发射器，用来在前向控制信道上进行广播，一个控制信道接收器，用来在反向控制信道上监听蜂窝电话呼叫建立请求，以及 8 个或更多个 FM 双工语音信道。

当在公共交换电话网中的一个普通电话发起对一个蜂窝用户的一次呼叫并到达移动交换中心时，在系统中每个基站的前向控制信道上同时发送一个寻呼消息及用户的移动标志号。该用户单元在一个前向控制信道上成功接收到对它的寻呼后，就在反向控制信道上回应一个确认消息。接收到用户的确认后，MSC指令该基站分配一个前向语音信道和反向语音信道对给该用户单元，这样新的呼叫就可以在指定语音信道上进行。该基站在将呼叫转至语音信道的同时，分配给用户单元一个监测音和一个语音移动衰减码。用户单元自动将其频率改至分配的语音信道上。

用户发起呼叫

SAT音频率使基站和移动站能区分位于不同小区中的同信道用户。在一次呼叫中，SAT以音频频率在前向和反向信道上连续发送。VMAC指示用户单元在特定的功率水平上进行发送。在语音信道上，基站和用户单元以空白-突发模式使用宽带FSK数据来发起切换时，则根据需要改变用户发射功率，并提供其他系统数据。

当一个移动用户发起一次呼叫时，用户单元在反向控制信道上发送始发消息。用户单元发送它的MIN、电子序列号，基站分类标识和呼叫的电话号码。如果基站正确收到该消息，则送至 MSC，由 MSC 检查该用户是否已经登记，之后将用户连接到 PSTN，同时分配给该呼叫一个前向和反向语音信道对，以及特定的 SAT 和 VMAC，之后开始通话。

在一个典型的呼叫中，随着用户在业务区内移动，MSC 发出多个空白-突发指令，使该用户在不同基站的不同语音信道间进行切换。在 AMPS 中，当正在进行服务的基站的反向语音信道上的信号强度低于一个预定阀值，或者 SAT 音受到一定电平的干扰时，就由 MSC 产生切换决定。阀值由业务提供商在 MSC 中进行调制，它必须不断进行测量和改变，以适应用户的增长、系统扩容，以及业务流量模式的变化。MSC 在相邻的基站中利用扫描接收机，即所谓"定位接收机"来确定需要切换的特定用户的信号水平。这样，MSC 就能找出接受切换的最佳邻近基站。

蜂窝移动通讯系统

蜂窝系统是将所有要覆盖的地区划分为若干个小区，每个小区的半径可视用户的分布密度在 1 ～ 10 千米左右，也叫"小区制"系统。在每个小区设立一个基站为本小区范围内的用户服务，并可以通过小区分裂进一步提高系统容量。

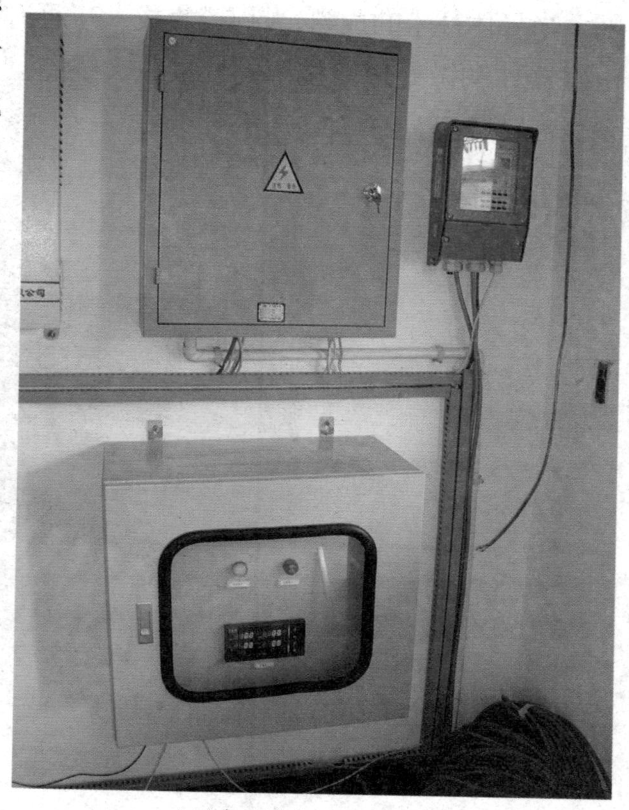

小区内的蜂窝移动通讯系统

二、通讯转变的第一步——2G的产生

第二代移动通讯的产生，是以第一代移动通讯和蜂窝系统作为基础的。蜂窝系统的概念和理论20世纪60年代就由美国贝尔实验室等单位提了出来，但其复杂的控制系统，尤其是实现移动台的控制直到70年代随着半导体技术的成熟，大规模集成电路器件和微处理器技术的发展以及表面贴装工艺的广泛应用，才为蜂窝移动通讯的实现提供了技术基础。直到1979年美国在芝加哥开通了第一个AMPS（先进的移动电话业务）模拟蜂窝系统，而北欧也在1981年9月在瑞典开通了NMT（Nordic移动电话）系统，接着欧洲先后在英国开通TACS系统，德国开通C-450系统等。

蜂窝移动通讯的出现可以说是

半导体材料

半导体材料的生产设备

国际标准委员们在探讨

移动通讯的一次革命。其频率复用大大提高了频率利用率并增大系统容量,网络的智能化实现了越区转接和漫游功能，扩大了客户的服务范围,但上述第一代模拟系统有四个主要的缺点：

各个系统之间没有公共接口;很难开展数据承载业务;频谱利用率低无法适应系统大容量的需求;系统安全保密性差,易被窃听,易做“假机”。尤其是在系统间没有公共接口,因此系统相互之间不能漫游,给移动用户造成很大的不便。

第二代蜂窝移动通讯系统主要包括 GSM、IS-95 以及 D-AMPS 三种。中国的第二代蜂窝移动通讯系统使用的是 GSM 标准制式。GSM 数字移动通讯系统是由欧洲主要电信运营者和制造厂家组成的标准化委员会设计出来的,它是在蜂窝系统的基础上发展而成。

GSM 数字移动通讯系统史从欧洲开始。早在 1982 年,欧洲已有几大模拟蜂窝移动系统在运营,例如北

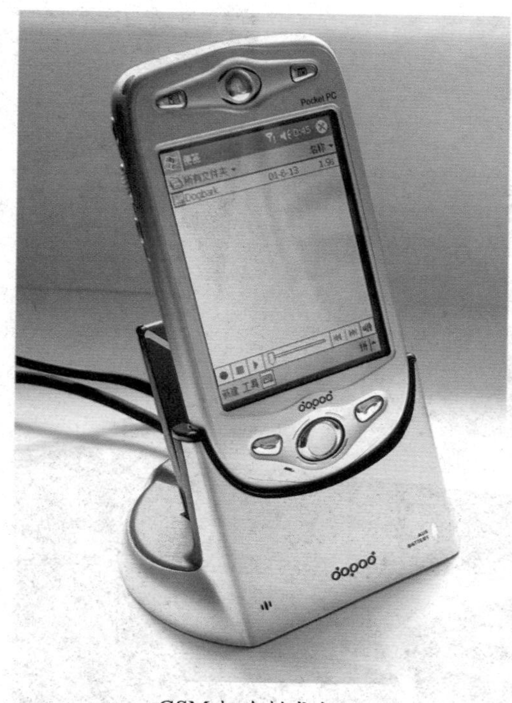

GSM 标准制式电话

欧多国的北欧移动电话和英国的全接入通信系统,西欧其他各国也提供移动业务。当时这些系统是国内系统,不可能在国外使用。为了方便全欧洲统一使用移动电话,需要一种公共的系统, 1982 年北欧国家向欧洲邮电行政大会提交了一份建议书,要求制定 900 兆赫频段的公共欧洲电信业务规范。在这次大会上就成立了一个在欧洲电信标准学会技术委员会下的“移动特别小组”简称“GSM”,来制定有关的标准和建议书。

欧洲移动通讯特别组成立后,在蜂窝移动通讯方面作了大量的工作。他们对 8 个不同的实验方案进行了论证,最后制定了泛欧洲的数字蜂窝移动通讯系统,并用该研究小组名字的缩写命名。GSM 移动电话系统对频谱利用率高、容量大,同时可以自动漫游和自动切换,采用增强全速率编码后通信质量好,加上其业务种类多、易于加密、抗干扰能力强、用户设备小、成本低等优点,使移动通讯进入了一个新的里程。

说到 GSM,还有个有意思的插曲,当 GSM 技术推出不久,一种更先进的 CDMA 技术也推出了,当时摩托罗拉占有蜂窝式移动电话的绝大部分市场,由于 CDMA 比 GSM 先进得多,所以摩托罗拉认为 GSM 技术只能是从模拟到纯数字的过渡,一直没有重视 GSM 手机的商业开发。但 GSM 手机一推出就受到从事商业、贸易和高级管理人员的欢迎,到 1996 年,诺基亚和爱立信来势凶猛的 GSM 手机已占据了手机市场的大部分时,摩托罗拉才回过头开发

CDMA 产品

GSM 电话

8200 系列产品，从此，摩托罗拉就不能确保手机市场老大的地位了。

随着GSM的迅猛发展，GSM自然而然成为全球移动通讯系统的代名词。

1991 年在欧洲开通了第一个系统，同时 MoU 组织为该系统设计和注册了市场商标，将GSM更名为“全球移动通讯系统”。从此移动通讯的发展跨入了第二代数字移动通讯系统。同年，移动特别小组还完成了制定 1800 兆赫频段的公共欧洲电信业务的规范，名为 DCS1800 系统。这个系统与 GSM900 具有同样的基本功能特性，两个系统都可通称为 GSM 系统。

知识卡片

以物示意

中国云南省境内，有些少数民族中的个别部落，在解放前还停滞在原始公社阶段。他们没有文字，也没有交通工具，可是却有原始的通信方法：例如景颇族有些部落，人们把辣椒送给朋友，表示自己遇到了很大的困难；载瓦族的青年人把一片叫做“得郎”的树叶送给他的女朋友，表示请她去赴约会；在佤族中，如果送的是火药或铅弹，是表示要打仗了，如果送的是一块结晶的方盐，中间钻个小孔，那就是困难问题已经解决了的意思。

用辣椒示意自己遇到了困难

三、2G的业务和功能

GSM小组在概念上受到无线网向ISDN发展的强烈影响，为发展与有线标准相兼容的无线数字标准，小组决定 GSM 标准将尽可能地接近ISDN标准。这意味着GSM与ISDN将使用相同的信令方案和信号特性。这一决定使得有线与无线需建立统一的接入平台和统一的业务特性。

由GSM网络支持的电信业务是由网络营运者提供给用户的通信能力。GSM网络，与其他网络，如PSTN一起为用户提供服务。GSM小组受到了ISDN提供业务的影响，他们打算GSM可以提供与ISDN一样的业务。但由于受空中接口的影响，对宽带业务目前无法提供支持。ISDN支持 64kbps 的话音作为基本服务，GSM由于空中接口达不到这么高的速率不可能做到。由 GSM 支持的电信业务包含无线 ISDN 及现有模

GSM 模块

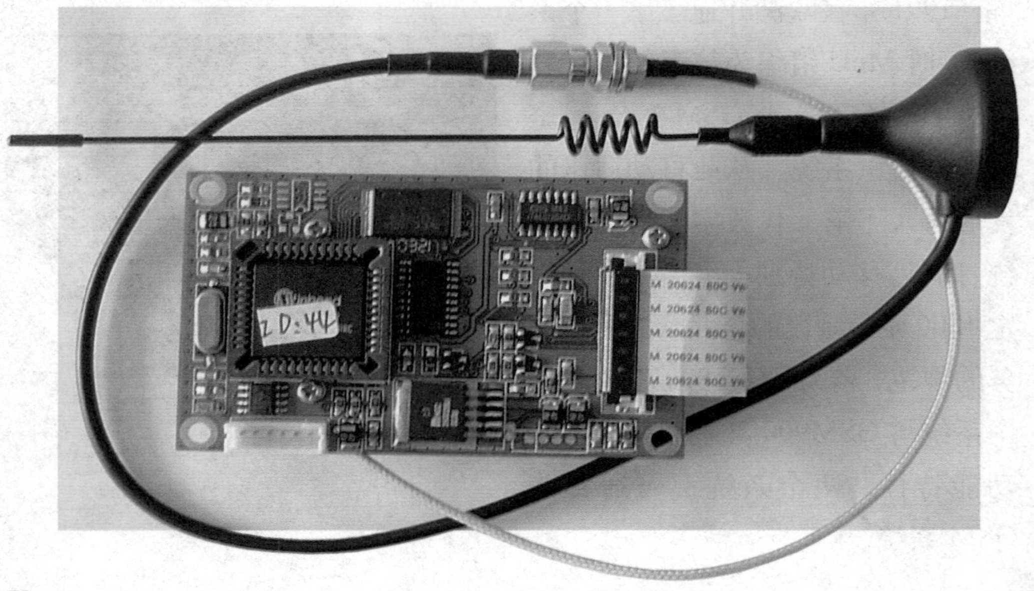

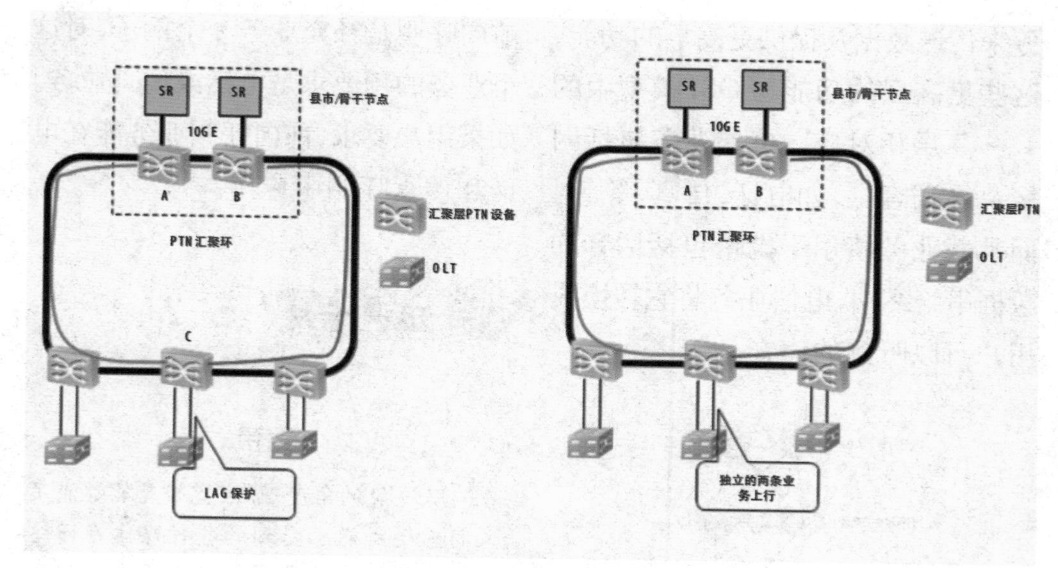

利用 PTN 对 OLT 上行进行承载的组网

拟蜂窝系统和无线寻呼系统提供的一切业务。

GSM 中的电信业务可分成两组:基本业务和补充业务。基本业务进一步又可分为以下两个项目:电信业务和承载业务。

承载业务

这类业务主要是保证用户在两个接入点之间传输有关信号所需的带宽容量。主要使用户之间实时可靠地传递信息(语音、数据,等等)。这类业务与OSI模型的低三层有关。承载业务定义了对网络功能的需求。提供各种承载业务,GSM 用户能够发送和接收速率高达 9600bps 的数据,由于 GSM 是数字网,在用户和 GSM 网络之间不需 Modem,虽然话音 Modem 在 GSM 和 PSTN 接口方面仍然需要。

电信业务

这类业务主要是提供用户足够的容量,包括终端设备功能,与其他用户的通信。它们结合了与信息处理功能相关的传输功能,使用承载业务来传送数据及提供更高层的功能。这些更高层的功能与 OSI 模型中的 4 ～ 7 层相对应。电信业务包括网络及终端容量，如电话、传真，等等。而承载业务将用于携带包括话音的数据串给终端，电信业务将它转换成用户可以听到的声音。

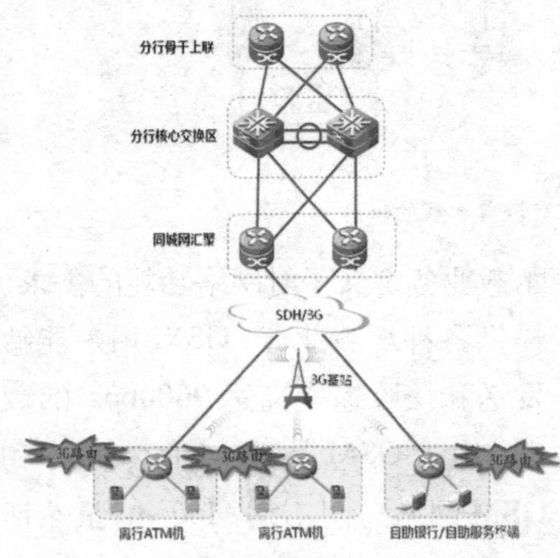

OSI 模型示意图

补充业务

这类业务在承载业务和电信业务基础上获得的。一项补充业务是在联合一项或多项承载业务中使用，它不能单独使用，它必须和基本电信业务一起提供给用户，相同的补充业务对一系列电信业务来说是有利的。前向呼叫是补充业务一个例子，对这个业务的预要求是电话或传真业务。如果用户要求，前向呼叫业务能在电话和传真呼叫中应用。

宽带

从一般的角度理解，宽带是能够满足人们感观所能感受到的各种媒体在网络上传输所需要的带宽，它也是一个动态的、发展的概念。

宽带网络有传输网、交换网、接入网三大部分。宽带网的相关技术也分为三类：传输技术、交换技术、接入技术。

宽带网络宣传画

家庭宽带上网

四、从 2G 向 3G 过渡

2000-2004 年是移动通讯系统从 2G 向 3G 过渡的重要阶段。如果说 2G 的发展是由用户需求牵引的话，那么 3G 的发展则在很大程度上是由技术发展来引导消费的。通过几年的发展、演变，目前由 2G 向 3G 过渡逐步形成了两种不同的技术演进途径，就是 GSM-GPRS-WCDMA 和 CDMAOne (IS-95) — CDMA2000，其中 GPRS 为 2.5G。

大唐电信企业展馆

中国大唐电信自主研发推出的 TD-SCDMA 技术标准虽然技术上具有一定的优势，并已获得国际电联的批准，成为三大技术标准之一，但由于起步晚，要取得市场发展，还需标准尽快产业化。2003 年，TD-CDMA 的国际影响在这一年中进一步扩大。TD-CDMA 技术论坛的规模进一步扩大，其会员已经达到 420 家。而且 TD-SCDMA 论坛正式成为 3GPP 市场代表伙伴，使 TD-CDMA 技术能够有更多机会被世界所认识，这对 TD-CDMA 技术的传播以及产业化的推进有着十分重要的意义。目前，TD-CDMA 产业链已基本形成，中国政府已明确表示，中国 3G 的发展将由市场来确定。

行业融合

行业的融合是通信行业在向社会各领域渗透的过程中自然形成的。由于移动通讯手段的采用使得原来的行业边界变得模糊：原本相互没有竞争的企业，现在开始产生竞争；原本采用不同技术的行业，技术也逐步趋同。

3G 手机

第4章

第三代移动通讯系统

◎ 第三代移动通讯的发展状况
◎ 从模拟到数字——把握发展趋势
◎ 中国的3G开发
◎ 超3G技术的发展

一、第三代移动通讯的发展状况

第三代移动通讯技术的简称是指支持高速数据传输的蜂窝移动通讯技术。3G服务能够同时传送声音及数据信息。代表特征是提供高速数据业务。通信技术的发展，也使最早的邮局落伍，人们进入高速、便捷的通信时代。

目前国内支持国际电联确定三个无线接口标准，分别是中国电信的CDMA2000，中国联通的WCDMA，中国移动的TD-SCDMA。GSM设备采用的是时分多址，而CDMA使用码分扩频技术，先进功率和话音激活至少可提供大于3倍GSM网络容量，业界将CDMA技术作为3G的主流技术，国际电联确定三个无线接口标准，分别是美国CDMA2000，欧

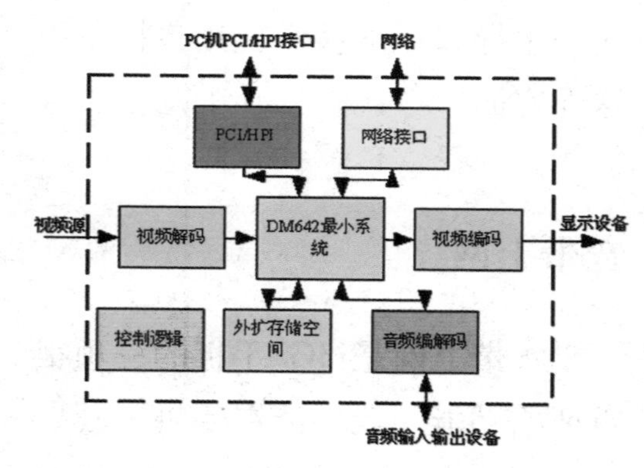

第三代移动通讯技术原理

第三代移动通讯

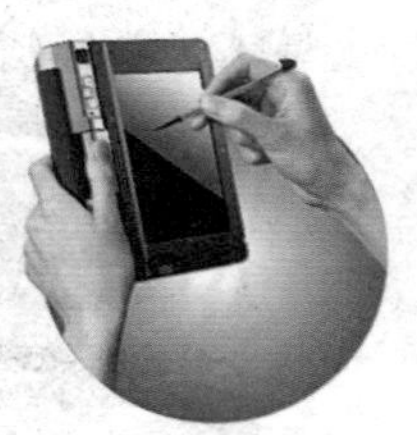

掌上电脑模式　手写电脑模式　笔记本电脑模式　引领3G生活

洲 WCDMA，中国 TD-SCDMA。原中国联通的CDMA现在卖给中国电信，中国电信已经将 CDMA 升级到 3G 网络，3G 主要特征是可提供移动宽带多媒体业务。

手机实现移动办公功能

中国的 3G 之路刚刚开始，最先普及的 3G 应用是“无线宽带上网”，六亿的手机用户随时随地手机上网。而无线互联网的流媒体业务将逐渐成为主导。3G 的核心应用包括以下这几方面：

宽带上网

宽带上网是 3G 手机的一项很重要的功能。我们能在手机上收发语音邮件、写博客、聊天、搜索、下载图铃等。3G 时代来了，手机变成小电脑就再也不是梦想了。

商务手机

手机办公

手机办公使得办公人员可以随时随地与单位的信息系统保持联系，完成办公功能。这包括移动办公、移动执法、移动商务，等等。与

手机电视

传统的OA系统相比，手机办公摆脱了传统OA受到局域网的限制，办公人员可以随时随地访问政府和企业的数据库，进行实时办公和处理业务，极大地提高了办公和执法的效率。

视频通话

3G时代，传统的语音通话已经是个很弱的功能了，到时候视频通话和语音信箱等新业务才是主流，传统的语音通话资费会降低，而视觉冲击力强，快速直接的视频通话会更加普及和飞速发展。

手机电视

从运营商层面来说，3G牌照的发放解决了一个很大的技术障碍，TD和CMMB等标准的建设也推动了整个行业的发展。手机流媒体软件会成为3G时代最多使用的手机电视软件，在视频影像的流畅和画面质量上不断提升，突破技术瓶颈，真正大规模被应用。

手机音乐

在无线互联网发展成熟的日本，手机音乐是最为亮丽的一道风景线，通过手机上网下载音乐是电脑的 50 倍。3G 时代，只要在手机上安装一款手机音乐软件，就能通过手机网络，随时随地让手机变身音乐魔盒，轻松收纳无数首歌曲，下载速度更快，耗费流量几乎可以忽略不计。

手机听音乐

无线搜索

对用户来说，这是比较实用型的移动网络服务，也能让人快速接受。随时随地用手机搜索将会变成更多手机用户一种平常的生活习惯。

手机网游

与电脑的网游相比，手机网游的体验并不好，但方便携带，随时可以玩，这种利用了零碎时间的网游是目前年轻人的新宠，也是 3G时代的一个重要资本增长点。

手机网购

不少人都有在淘宝上购物的经历，但手机商城对不少人来说还是个新鲜事。事实上，移动电子商务是 3G 时代手机上网用户的最爱。

3G 是第三代移动通讯技术系统的通称，可以为用户提供更好的语

智能导航手机

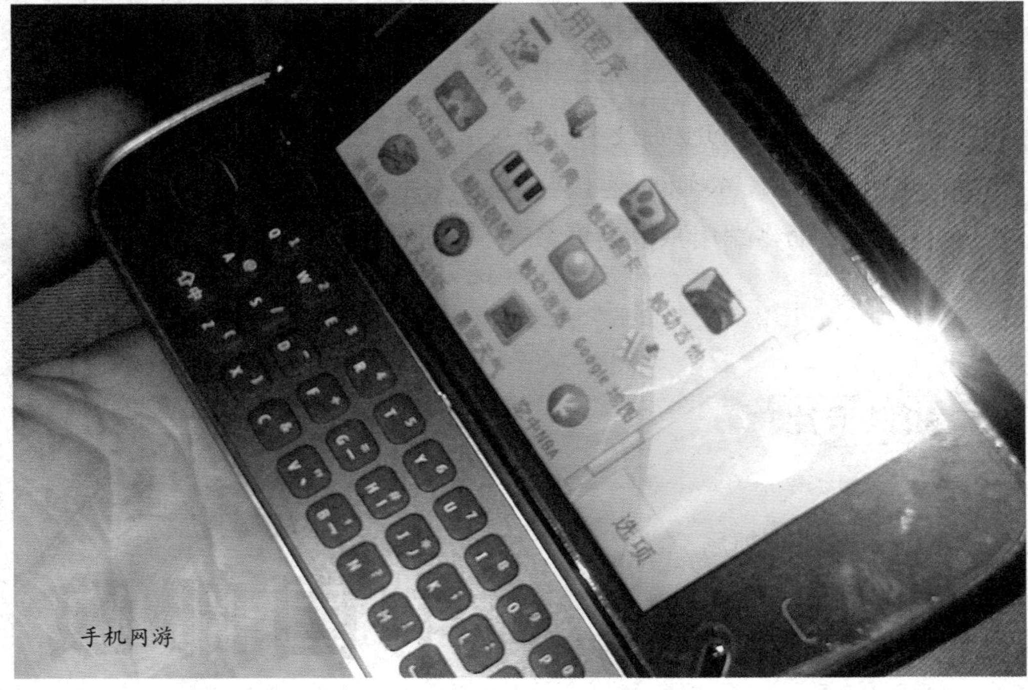

手机网游

可上网购物的手机

音、文本和数据服务。与现有的技术相比较来说，3G 技术的主要优点是能极大地增加系统容量、提高通信质量和数据传输速率。此外，利用在不同网络间的没有障碍的漫游技术，可将无线通信系统和 Internet 连接起来，从而可对移动终端用户提供更多更高级的服务。

最早的邮局

世界上最原始的“邮政局”设在非洲最南端的好望角。17 世纪早期，欧洲的船队在驶向印度的航程中，要在此处停泊，补加淡水和给养，同时船员也会把自己的家信压在平滑的大石头底下，这样，从印度返航的船只到达这里时，可以顺道把这些信函带回家。有时候，船员还会在压信的石头下刻下他们到达的日期、船员的名字和船长的姓名。这种大石头也可以说是现代邮箱的雏形。

第4章 第三代移动通讯系统

二、从模拟到数字——把握发展趋势

移动通讯是中国最具发展活力的产业之一。从1987年11月18日中国第一个TACS模拟蜂窝移动电话公众网在广州建成并开通，到1994年10月12日中国第一个数字移动通讯商用试验网开通，再到2001年12月31日中国移动通讯关闭TACS模拟移动电话网，中国准确地把握了全球移动通讯产业发展的技术方向，不断推动整个产业从模拟时代、数字时代向如今的移动数据时代演进，开启了中国移动通讯发展的新旅程。

中国移动通讯产业在世界移动通讯的大潮中，经历了起出、接近、并行三个阶段。中国在引入移动通讯技术时，积极跟踪世界通信走向，跨越传统发展阶段，采用移动通讯系统这样的先进技术装备，提高通信网的技术层次和含量。

面对当时众多的第一代移动通讯制式，中国根据国情最初选用了TACS系统，购买国外设备建设移动通讯网。其主要原因是TACS模拟技术标准有较好的性能价格比和开放性，比较适合中国的市场状况。后来，中国又引入了AMPS移动通讯系统。至此，第一代模拟系统在一张白纸上书写了中国移动通讯发展的

中国移动的各种标志

中国移动信号塔

起步历程。

以 AMPS 和 TACS 为代表的第一代模拟蜂窝移动通讯系统虽然取得了很大成功，但也暴露了一些问题,其中最主要的问题是容量已不能满足日益增长的移动用户的需求。解决这些问题的方法是开发新一代数字蜂窝移动通讯系统。

GSM 系统解决了当时中国刻不容缓的移动通讯发展问题。

随着市场的发展和技术的进步，2000 年，中国联通宣布启动 CDMA 网络建设,并在之后的几年内建成了覆盖全国的网络,形成了数千万的用户群。

中国在第二代移动通讯领域,紧跟全球技术前进的脚步。在移动信息化的潮流中，抓住技术演进的契机，与全球同步引入了包括 GPRS、CDMA1X、WAP、SMS 等在内的移动数据业务系统。

要想成为真正意义上的电信强国,中国电信制造业必须掌握核心知识产权。

中国在成熟的二代、2.5 代技术开展移动业务的同时，也极为关注3G 方面的技术进展。

在国家“863 计划”和信息产业部移动通讯专项基金等方面的支持下,中国在第三代移动通讯系统研究开发方面取得了巨大进展。

1999 年,中国提出的 TD-SCDMA 在国际电联收到的 16 个 3G 标准提案中脱颖而出，2000 年 5 月正式成为 3G 国际标准之一。这是中国首次提出完整的通信系统标准并被国际认可,是中国在通信标准领域的一个突破,填补了中国百年电信史的空白,标志着中国的电信技术水平发展到以自主创新带动产业发展的崭新阶段。

863 计划

1986 年 3 月,面对世界高技术蓬勃发展、国际竞争日趋激烈的严峻挑战,邓小平同志在王大珩、王淦昌、杨嘉墀和陈芳允四位科学家提出的“关于跟踪研究外国战略性高技术发展的建议”上,做出“此事宜速作决断,不可拖延”的重要批示,在充分论证的基础上,党中央、国务院果断决策,于1986 年 11 月启动实施了“高技术研究发展计划(863计划)”,旨在提高我国自主创新能力,坚持战略性、前沿性和前瞻性,以前沿技术研究发展为重点,统筹部署高技术的集成应用和产业化示范,充分发挥高技术引领未来发展的先导作用。

国家高技术研究发展计划[1](863计划[2])[3]作为中国高技术研究发展的一项战略性计划,经过20多年的实施,有力地促进了中国高技术及其产业发展。它不仅是中国高技术发展的一面旗帜,而且成为中国科学技术发展的一面旗帜。

863计划通过持续的自主创新,取得了一大批达到或接近世界先进水平的创新性成果,特别是在高性能计算机、第三代移动通信、高速信息网络、深海机器人与工业机器人、天地观测系统、海洋观测与探测、新一代核反应堆、超级杂交水稻、抗虫棉、基因工程等方面已经在世界上占有一席之地;重视高技术集成创新和培育战略性新兴产业,在生物工程药物、通信设备、高性能计算机、中文信息处理平台、人工晶体、光电子材料与器件等国际高技术竞争的热点领域,成功开发了一批具有自主知识产权的产品,形成了中国高技术产业的增长点;同时,围绕国防现代化建设需求,发展中国新的战略威慑手段和新概念“杀手锏”装备,取得了突出的成绩。目前,863计划已经成为中国科学技术发展,特别是高技术研究发展的一面旗帜。更为重要的是,863计划所取得的成就对于提升中国自主创新能力、提高国家综合实力、增强民族自信心等方面发挥了重要作用。

中国移动营业大厅

三、中国的3G开发

1997年4月,ITU向全世界征集IMT-2000RTT的通函。过去也有类似的通函,但我们没有能力去应征,1998年中国提出的TD-SCDMA成为ITU的候选技术。

直到2000年5月,在伊斯坦布尔的ITU-R会上,中国制定的TD-SCDMA正式成为3G标准。100多年来,中国首次在电信领域提出了为ITU确认的国际标准。

2001年,TD-SCDMA成为3GPP的家族标准。

2002年10月30日,以知识产权为连接纽带的TD-SCDMA产业联盟正式宣告成立。在这一庞大市场的诱惑下,西门子联手华为,阿尔卡特结盟大唐,爱立信选择中兴,诺基亚牵手普天,全球电信业主导力量纷纷向中国标准核心主力靠拢,实施大规模投资计划。这种创新的发展形式,对于增强民族企业竞争力具有十分重要的意义。

在10年左右的发展历程中,经过不懈努力,中国已掌握了TD-SCDMA的主要知识产权,并形成了覆盖系统设备、网管、核心芯片、终端产品、软件与应用服务、增值业务开拓、专用设备与测试仪表以及配套关键元器件在内的完整产业链。

2005年,国家组织了专项测试;同年,TD-SCDMA技术进入HSDPA。

2006年1月,信息产业部把TD-SCDMA成为中国通信行业标准。

今天的3G三大标准分立,是经过竞争的结果。

TD-SCDMA的关键技术创新较多,最得意的亮点是智能天线,其他是接力切换、动态信道分配、联合检测、上行同步,这些关键技术都支持TD-SCDMA,是创新的一代关键技术,具有本国知识产权。

3G的核心技术,特别是WCDMA和CDMA2000的核心技术

3G 产品

主要由高通、爱立信、诺基亚、摩托罗拉等跨国公司控制。

2006年3月，信息产业部组织了北京、上海、青岛、保定、厦门建设规模试验网，要求每一个城市要建100个以上的基站和5000个以上的终端。这个试验规模开创了中国之最先河。以前从未同时在5个城市做过这样大规模的通信试验，这次试验规模和动员力量都达到了“中国之最”。

此后，国内TD-SCDMA具备了年产基站系统上千万信道、终端数千万台套的产业规模。目前，中国电信运营企业正在全国十个城市开展大规模的网络试验，并已经取得了良好的成果。

TD-SCDMA产业的发展不仅使中国移动通讯设备企业获得与其他国际电信设备企业共同分享中国巨大3G移动通讯市场的机会，还带动了中国软件、半导体、芯片、微电子、精密仪器等高科技产业的快速发展。通过TD-SCDMA的发展，一个以企业为核心的自主创新体系得以在中国信息通信业初步建立起来，充分显示了自主创新对产业发展的带动和促进作用，为中国信息产业的全面腾飞奠定了坚实的基础。

到目前，中国又掌握了一大批核心技术，先后发布了TD-SCDMA、WCDMA、CDMA2000标准，充足的准备、务实的策略为中国3G产业的腾飞奠定良好的基础。

知识卡片

蓝牙技术

蓝牙是用无线LANs的IEEE802.11标准技术为基础。从理论上来讲，以2.45赫兹波段运行的技术能够使相距30米以内的设备互相连接，传输速度可达到2兆/秒，任何蓝牙设备一旦搜寻到另一个蓝牙设备，马上就可以建立联系，而无须用户进行任何设置，可以解释为“即连即用”。

现在面世的蓝牙产品不仅有蓝牙耳机，还有PDA与手机的数据同步器，甚至还有了蓝牙便携式硬盘，以后蓝牙手机注定要成为生活遥控器的多面手，代替现在的钥匙、控制器等。

第4章
第三代移动通讯系统

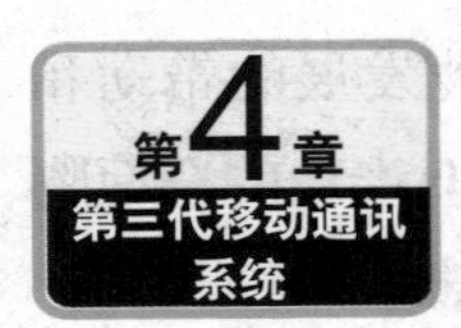

四、超3G技术的发展

当第三代移动通讯技术还在发展时，下一代移动通讯技术的研究已经开始。国际电信联盟已将3G之后的移动通讯技术定义为超3G，目前有些国家称为4G。1999年成立的国际电信联盟无线电通信部门的工作组主要负责3G未来发展和超3G的研究。在2001年10月日本举行的第六次会议上讨论提出了“IMT-2000未来发展及超IMT-2000的远景框架及总目标”该文件定义的目标数据传输速率为：IMT-2000的未来发展在2005年左右实现最高约30兆/秒的速率，而超3G在2010年左右在高速移动环境支持最高约100兆/秒的速率，在低速移动环境达到

国际电信联盟组织

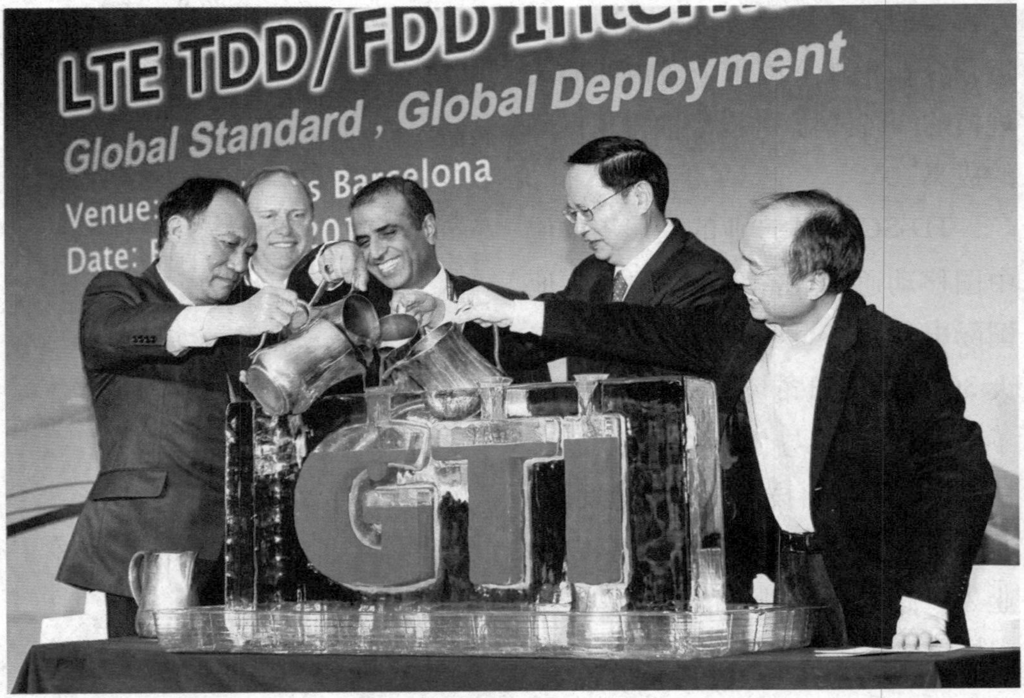

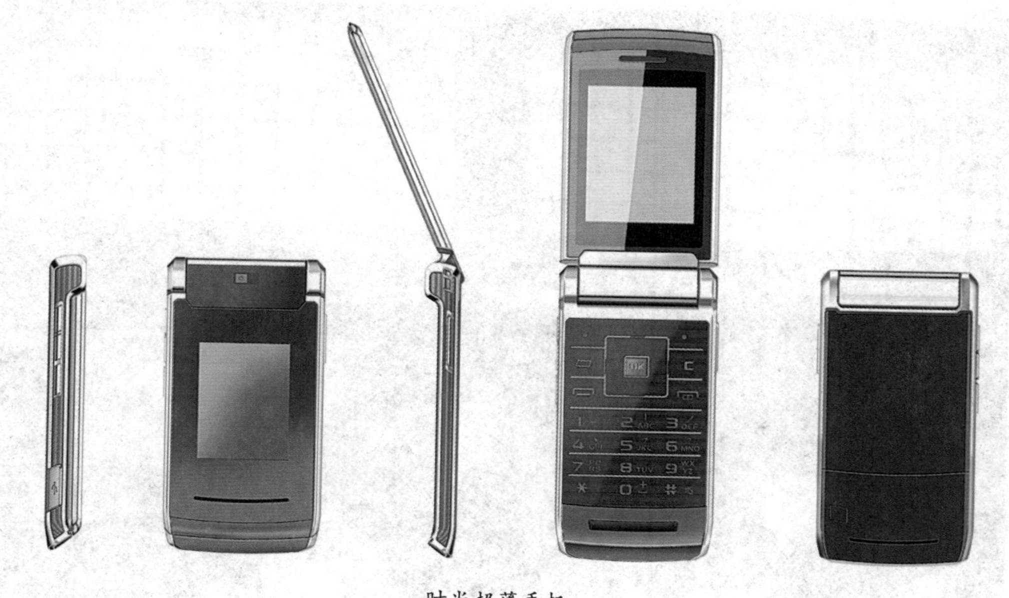

时尚超薄手机

1千兆/秒速率。

超3G的概念可称为宽带接入和分布网络，技术优势在于通话质量及数据通信速度。另外，将努力确保投资成本减少，未来的通信费用降低。目前，美国、日本、韩国、欧洲以及中国都已先后开始了超3G的研究，并取得了一定的成果。

日本政府希望日本能够在超3G的国际标准方面占有领先地位，为此，日本政府在2001年1月发布的“e-Japan战略”计划中，规划在2005年前制定4G核心技术标准，并使之在2010年普及。同年5月日本总务省官员表示，政府与主要移动通讯企业已为4G技术拟定了基础计划。6月15日，日本信息通信审议会专门委员会完成了4G标准提案。该提案将4G的实用期定在2010年。IMT-2000的最大数据通信速度为2兆/秒，4G则将速度提高到了100兆/秒。另外，通过统一终端的标准，使用户可以自由选择终端的合同运营商。

日本的4G研发以NTTDoCoMo为主。2002年年初NTTDoCoMo公司宣称，他们将投入4G无线分组数据传输技术的研发，并开始着手构建

日本的 4G 研发

初始的实验网络。4G 网络的实验基地位于东京的横须贺市技术开发园，包括实验的基站和移动终点站。2002 年 10 月，NTTDoCoMo 在室内成功地进行了 4G 传输试验，下行和上行传输速度分别可以达到 100Mb/s 和 20Mb/s。在此次传输试验中 NTTOoCoMo 采用的接入方式为该公司自行开发的可变扩展因数一正交频分码分多路复用（VSF-OFCDM）方式。这种方式像正交频分多路复用（OFDM）一样采用多载波，使用与 CDMA 相同的扩散处理来增大容量。其最大的特点在于，可以根据具体的通信服务来改变时间方向与频率方向的扩散率。这样，就可以在类似热点的孤立区域，通过降低扩散率来优先增大容量，而在手机的多单元环境下，能够提高扩散率、增加容量。

在欧洲，超 3G 研究活动是以欧盟的信息社会技术（IST）研究计划为中心来进行的。欧盟的研究活动是4年一个周期，每个周期都会制定一个框架研究计划。第六框架计划(FP6)的有效期是从2003年到2006年。欧盟已经将超3G的研究列入政府支持的计划中。在FP6中，IST被列作优先支持的项目，有总额为3625亿欧元的经费支持。在IST中，超3G移动和无线通信系统技术的研究项目获得了最先获得了9000万欧元的预支经费，占总预支经费的80%。

2001年8月由欧洲主要厂商发起成立了无线世界研究论坛(WWRF)，现该论坛已向全球发展，对ITU的工作影响较大。

欧洲国家一般认为，超3G是一种可以有效地使用频谱的数据通信技术，并且一定是以IPv6为基础的，网络上的所有单位都有自己的IP地址。通过在移动通讯网络中引入IPv6就可以把现有的各种不同的网络融合在一起，比如超3G网络将会融合卫星和平流层通信系统、数字广播电视系统，各种蜂窝和准蜂窝系统，无线本地环路和无线局域网，并且可以

超3G可以把不同的网络融合在一起

多功能手机

和 2G、3G 兼容。

美国希望把无线局域网技术进行扩展，从而演进为 4G 基础。AT&T 公司已经在实验室中研究 4G 技术，其研究目的是提高蜂窝电话和其他移动装置无线访问 Internet 的速率。AT&T 推出的 4G 通信网络的实验，可以配合目前的增强型数据率传输服务进行无线上传，并通过 0FDM 技术达到快速下载的目的。AT&T 称，大约还需要 5 年，这项技术才能发布。

目前国际上有关超 3G 移动通讯的研究还处于初期阶段，其基本

国际电信联盟标志

需求、核心技术还处在萌芽阶段。超 3G 移动通讯的实用期预定在 2010 年开始。这符合移动通讯技术每 10 年产生一代新体制的发展规律。

如同 3G 系统与 2G 系统之间的关系一样，4G 系统不可能在一夜之间取代 3G 系统，更不可能跨越 3G 系统而直接投入应用。制定一个全世界统一的超 3G 标准需要耗费 5 ~ 7 年的时间，而现有的 2G 系统在未来的 5 ~ 7 年内已无法满足日益增长的通信需求。从这个角度来说，3G 系统是不可替代的。

国际电信联盟

国际电信联盟是联合国的一个专门机构，是主管信息通信技术事务的联合国机构，也是联合国机构中历史最长的一个国际组织。国际电信联盟是世界范围内联系各国政府和私营部门的纽带，国际电信联盟通过旗下的无线电通信、标准化和发展电信展电信展览活动，而且是信息社会世界高峰会议的主办机构。

4g 智能型手机

第5章

移动通讯的未来

◎ 通信技术的发展和前瞻
◎ 移动通讯未来的技术发展
◎ 通信之曙光——光纤通信
◎ 未来移动通讯技术的关键
◎ 移动通讯的走向

一、通信技术的发展和前瞻

现代移动通讯从 20 世纪 20 年代开始发展，大致经历了五个发展阶段：

第一阶段从 20 世纪 20 ~ 40 年代，为早起发展阶段。首先在短波几个频段上开发出专用移动通讯系统，代表是美国底特律市警察用的车载无线电系统。这个系统工作频率为 30 ~ 40 兆赫可以认为这个阶段是现代移动通讯的起步阶段，特点是专用系统开发，工作频率较低。

第二阶段是 40 ~ 60 年代初期。在此期间内，公用移动通讯业务开始问世。1946 年，根据美国联邦通信委员会的计划，贝尔系统在圣路易斯城建立了世界第一个公用汽车电话

车载电台

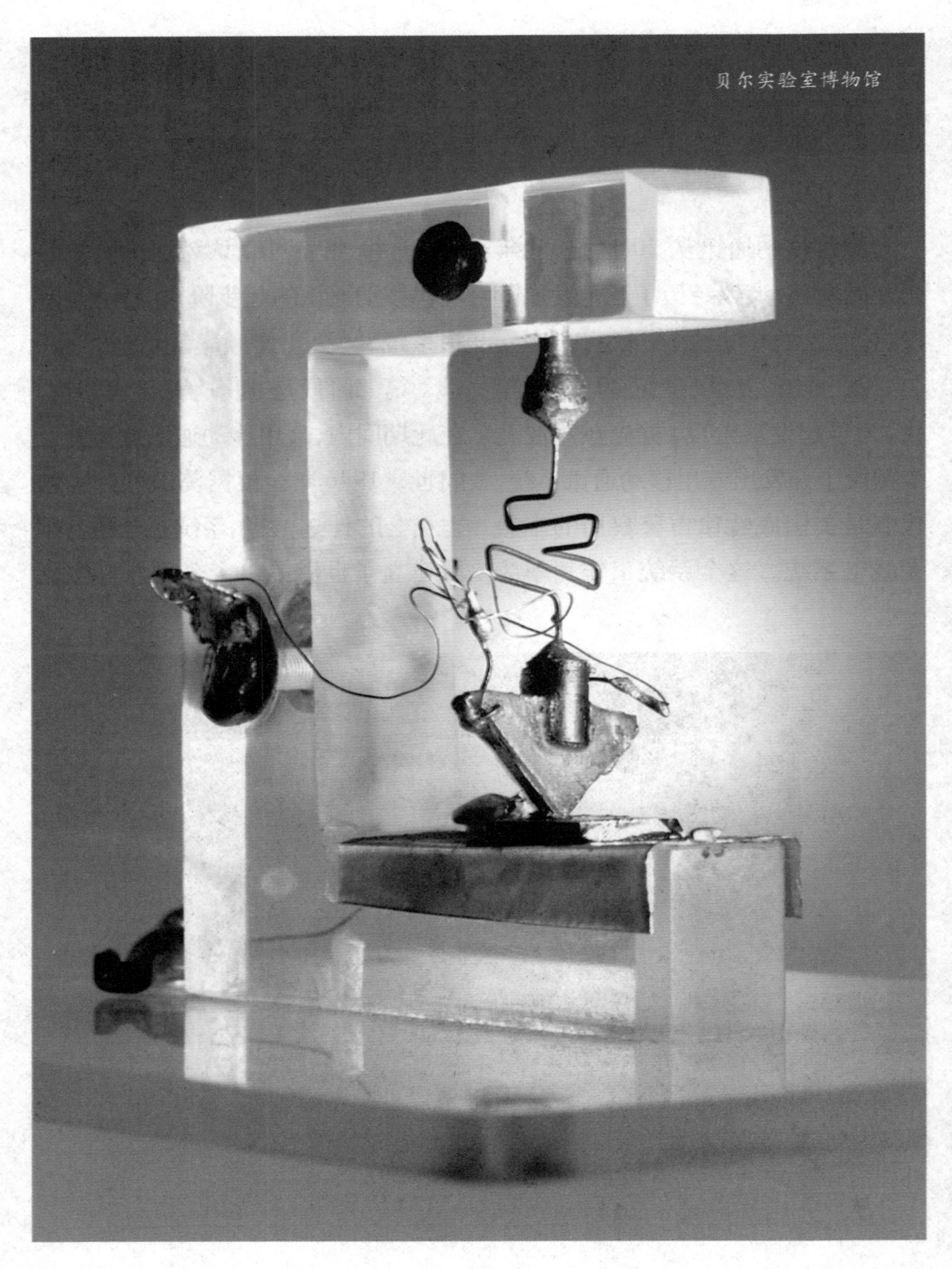
贝尔实验室博物馆

网，称为“城市系统”。当时是用三个频道，间隔为120KHz，随后，德国、法国、英国等国家相继研制了公用移动电话系统。美国贝尔实验室完成了人工交换系统的接续问题。这一阶段的特点是从专用的移动网向公用移动网过渡，接续方式为人工，网的容量较小。

贝尔实验室

第三阶段是从 60 ～ 70 年代中期。在此期间美国推出了改进型移动电话系统，是用 150 兆赫和 450 兆赫频段，采用大区制、中小容量，实现了无限频道自动选择并能够自动接续到公用电话网。德国也具有相同技术水平的 B 网。可以说，这一阶段是移动通讯系统改进与完善的阶段，其特点是采用大区制、小中容量，是用 450 兆赫频段，实现了自动选频与自动接续。

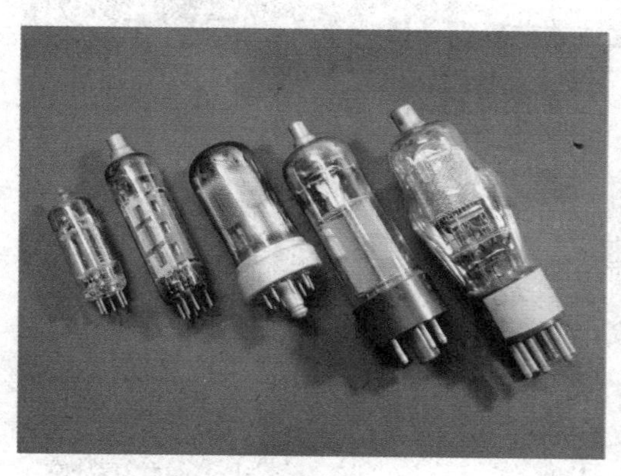
电子管

第四阶段从 70 ～ 80 年代中期。这是移动通讯蓬勃发展时期。1979 年底，美国贝尔实验室研制成功先进移动电话系统，大大提高了系统容量。1983 年，首次在芝加哥投入商用。同年 12 月，在华盛顿也开始启用。之后，服务区域在美国逐渐扩大。到 1985 年 3 月已经扩展到 47 个地区，约 10 万移动用户。其他工业化国家也相继开发出蜂窝式公用移动通讯网。日本在 1979 年推出 800 兆赫汽车电话系统，在东京、大阪、神户等地区投入商用。1984 年，联邦德国完成 C 网，频段为 450 兆赫。英国在 1985 年开发出全国地质荣欣系统，首先在伦敦投入使用，以后覆盖了全国，频段为 900 兆赫。法国开发出 450 系统。加拿大推出 450 兆赫移动电话系统 MTS。1980 年，瑞典等北欧各国开发出NMT-450 移动通讯网，并投入使用，频段为 450 兆赫。

微电子元器件

这一阶段的特点是蜂窝状移动

微电子元器件或材料的生产

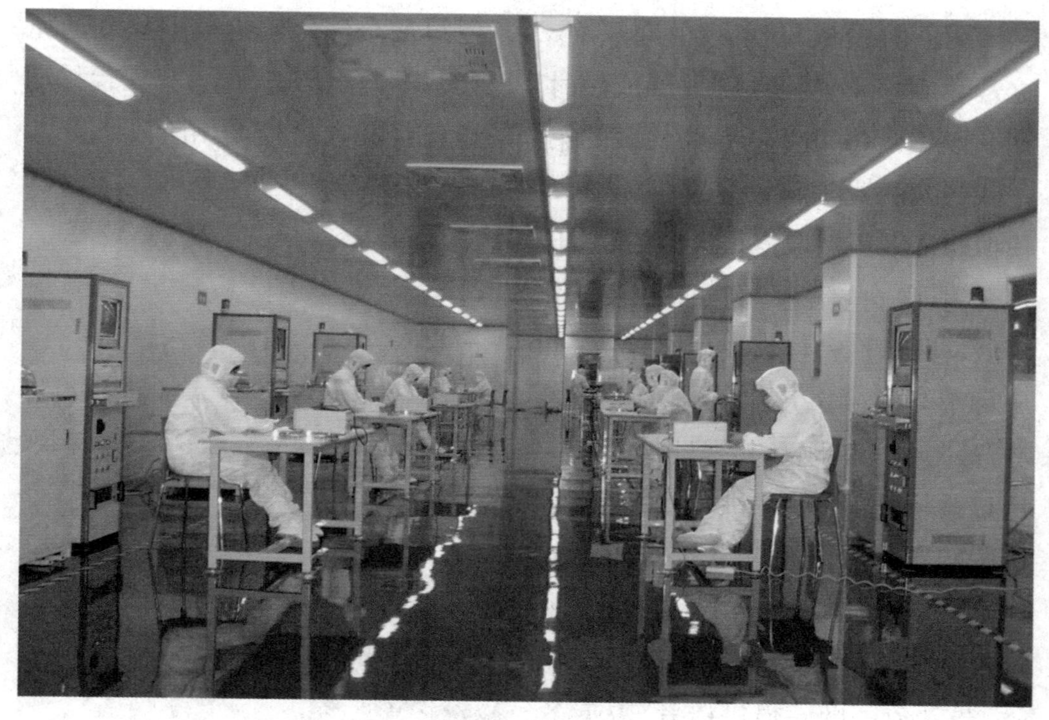

微电子科研实验

通讯网成为实用系统，并在世界各地迅速发展。移动通讯大发展的原因，除了用户要求迅猛增加这一主要推动力之外，还有几方面技术进展所提供的条件。首先，微电子技术在这一时期得到长足发展，这使通信设备的小型化、微型化有了可能性，各种轻便电台被不断地推出，提出并形成了移动通讯体制。随着用户数量增加，大区制所能提供的容量很快饱和，这就必须探索新体制。在这方面最重要的突破是贝尔实验室在70年代提出的蜂窝网的概念。蜂窝网，就是所谓小区制，由于频率再用，大大提高了系统容量。可以说，蜂窝概念真正解决了公用移动通讯系统要求容量大于频率资源有限的矛盾。第三方面进展是随着大规模集成电路的发展而出现的微处理器技术日趋成熟以及计算机技术的迅猛发展，从而为大型通信网的管理与控制提供了技术手段。

第五阶段从80年代中期开始。这是数字移动通讯系统发展成熟时期。以AMPS和TACS为代表的第一代蜂窝移动通讯网是模拟系统。模拟蜂窝网虽然取得很大的成功，但也暴露了一些问题。例如，频谱利用率低，移动设备复杂，费用比较贵，业务种类受限制以及通话容易被窃听等，最主要的问题是其容量已不能满足日益增长的移动用户需求。解决这些问题的方法是开发新一代数字蜂窝移动通讯系统。数字无线传输的频谱利用率高，可大大提高系统容量。另外数字网能提供语音、数据多种业务服务，并与ISDN等兼容。事实上，早在70年代末期，当模拟蜂窝系统还处在开发阶段时，一些发达国家就着手数字蜂窝移动通讯系统的研究。

到80年代中期，欧洲首先推出了泛欧数字移动通讯网的体系。随后美国和日本也制定了各自的数字移动通讯体制，1991年7月泛欧网GSM开始投入商用。

目前全球范围内模拟移动通讯已经基本退出历史舞台，第三代移动通讯已经步入规模商用阶段。

蜂窝网

因每个小区呈正六边形又彼此邻接，从整体上看，形状酷似蜂窝，所以人们称它为“蜂窝”网。

蜂窝网

二、移动通讯未来的技术发展

移动通讯从产生到现在的时间并不长，第一代移动通讯到第三代移动通讯，前后只用了20多年的时间，其发展速度远远超出了人们的预料。随着计算机软件跟微电子技术的发展，在其基础上，移动通讯设备在质量上、使用方便和信号传输的质量上有了较以前很大的提高。

随着第三代移动通讯开始商用，现如今，从事通信类开发与研究的专业人员已经开始了超三代或第四代的移动通讯的研究与开发。

大致思路有两种：一是对现有的3G标准的增强，二是研制全新的标准，即IMT-2000的未来发展跟超IMT-2000的系统。IMT-2000地面无线接口的能力在30～50兆/秒，而超IMT-2000系统可能基于新的无线接口技术，新的无线接入系统在高速移动环境下可提供高达100兆/秒左右的峰值速率，在低移动性的环境下可提供高达1千兆/秒左右的峰值速率。

随着社会的发展，商业经济的快

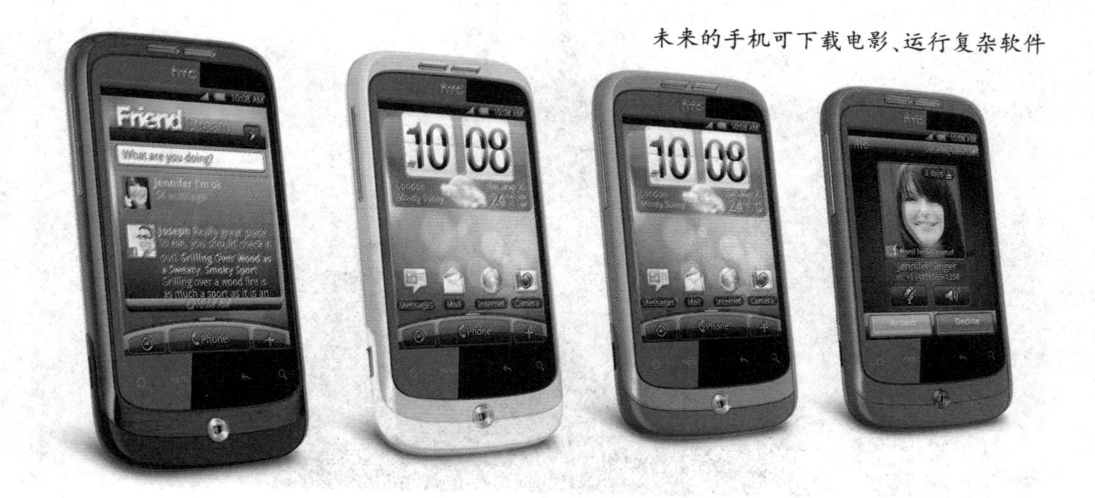

未来的手机可下载电影、运行复杂软件

生活中已离不开手机

速多变化，人与人的及时沟通，人们的娱乐休闲已然成为通信研究的目标。通过手机进行视屏会议、下载电影、运行大型复杂的软件已不再是幻想。人们对移动网络的需求，促使网络传输速率的不断改进。

随着手机越来越接近一部小型电脑，对网络的传输速率将会出现更高的需求。可见，更高传输速率的超IMT-2000 系统，即第四代移动通讯技术必将成为日后研究的重点。

智能天线

智能天线是利用信号在传输方向上的差别，将同频率或同时隙、同码道的信号进行区分，动态改变信号的覆盖区域，将主波束对准用户方向，并能够自动跟踪用户和监测环境变化，为每个用户提供优质的信号，从而达到抑制干扰、准确提取有效信号的目的。

这种技术具有抑制信号干扰、自动跟踪及数字波束等功能，被认为是未来移动通讯的关键技术。

智能手机

三、通信之曙光——光纤通信

光是我们再熟悉不过的自然现象了，对光的研究也有着久远的历史。然而，利用光来进行通信却是在 20 世纪 70 年代才迅速发展起来的新技术。1960 年，美国科学家用红宝石棒制成了世界上第一个崭新的光源——激光。

激光器

世界上已经制成的最小激光器只有人头发厚度的十分之一，可以将 2 亿个这样的激光器集成在一块相当于人指甲大小的芯片上。

在此以后又过了 10 年，能够传输光信号的低损耗光导纤维研制成功，从此宣告了光纤通信时代的开始。经过多年的研究和发展，光纤通信技术的突飞猛进，终于打破了数十年徘徊不前的局面，目前已经相当发达。今天，跨越大西洋的 6500 千米

激光的威力

海底光缆

的海底光缆可供大洋两岸18万人同时通话。跨越太平洋的13000千米的海底光缆线路已交付使用,跨越大西洋和太平洋的海底光缆线路也于1994年正式开通使用。目前,世界上已有的光纤通信线路已超过1000万千米。

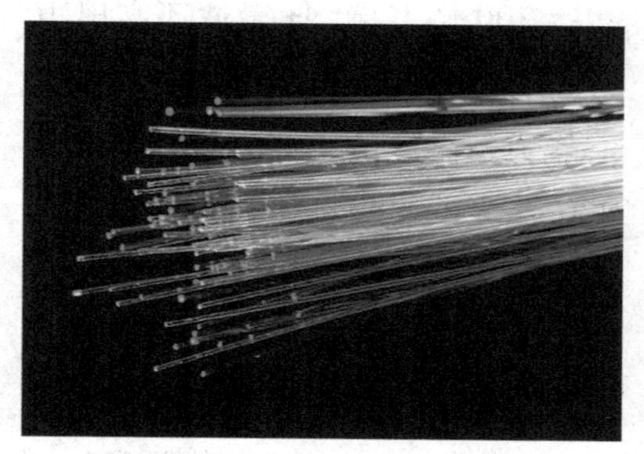

光导纤维

光纤通信系统是用光为载波,利用纯度极高的玻璃拉制成极细的光导纤维作为传输媒介,通过光电变换,用光来传输信息的通信系统。对一个通信系统来说,频带越宽,它的传输容量就越大,能传输的信息也就越多。科学家们研究发现,激光的波

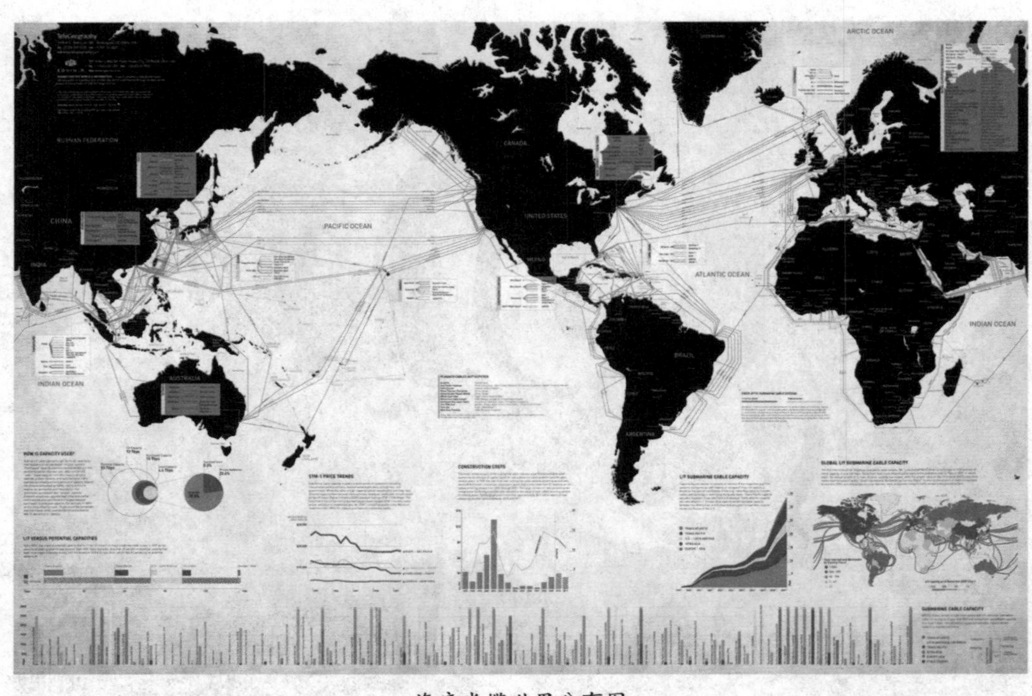

海底光缆世界分布图

长很短，只有约1微米左右，频率可高达300亿万赫，比微波还高出10万～100万倍。也就是说，它的通信能力是微波的100万倍。而且用来传输光的光导纤维虽然细如人的头发丝，但传输信息的本领却大得惊人。

在使用了集成光路的光纤通信系统中，像说话的声音和图像等信息在通过声到光的转换装置和激光扫描装置后直接变为光信号，送入光纤中传输，而不必像现在的光纤通信系统那样，在发送端和接收端还要分别进行电－光转换和光－电转换，从而使光完全取代电，人类社会也就真正从电通信时代步入了光通信时代。科学家们坚信，光纤通信已经拉开了通信革命的序幕。

不仅如此，科学家们还发现，光纤维在传输信号时不仅损耗小，而且对多种形式的电磁干扰具有很强的抗干扰性，特别是在通过高电磁干扰区时，不必配备复杂的屏蔽装置和过多的辅助设备，而效果却比一般电缆

双绞线是传统的通讯线缆

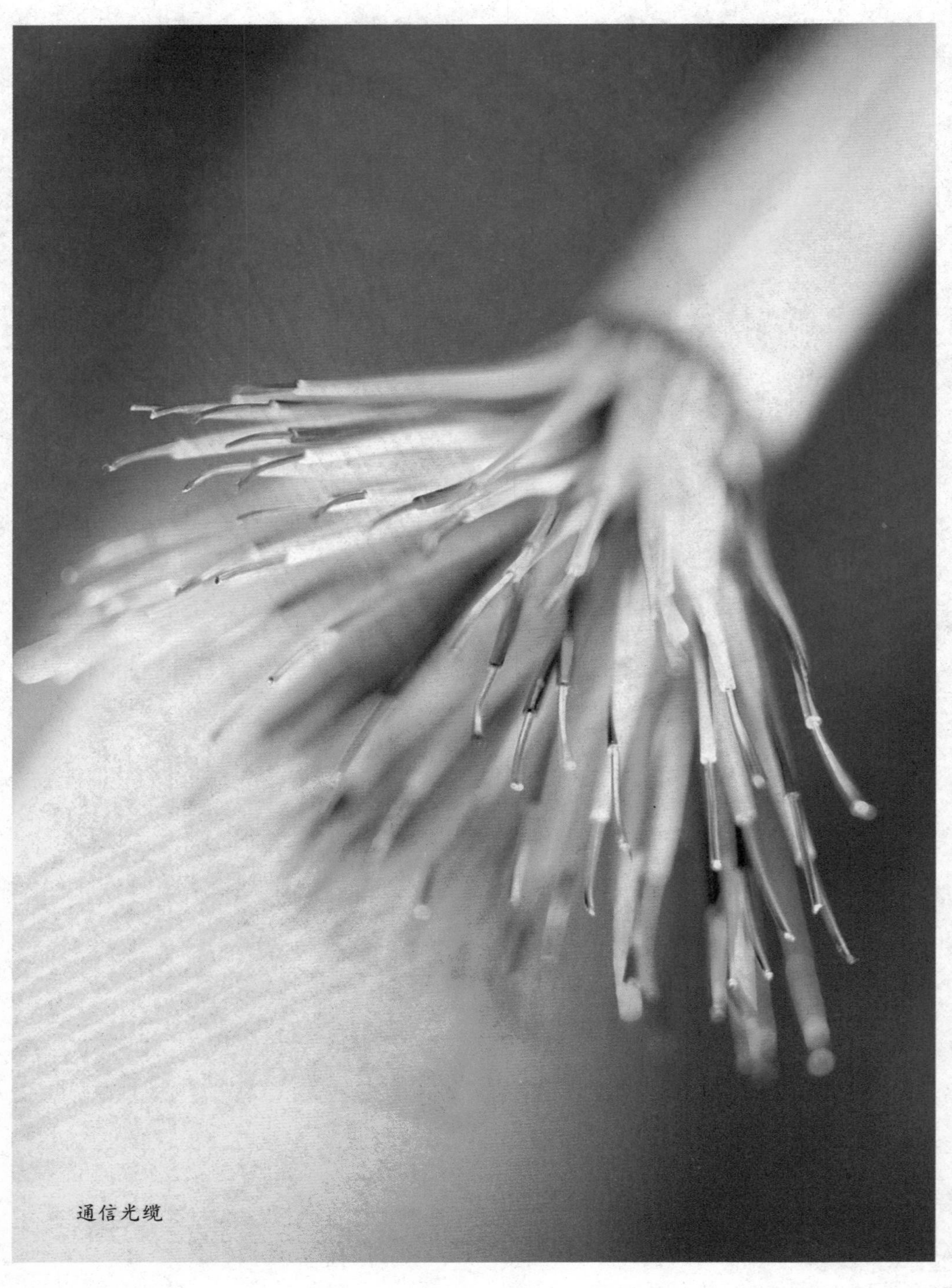

通信光缆

光纤通信

传输信号的效果要好得多。此外，用光缆传输信息不会出现像电子通过金属导体时会产生电磁场，因此不会产生信号的泄漏，当然也就更不会被感应所窃取，因此保密性极好。尤其是光纤中传输的信号是光而不是电，所以在如化学工厂或核反应堆等危险环境中使用时，就不会发生火花放电的危险，十分安全。

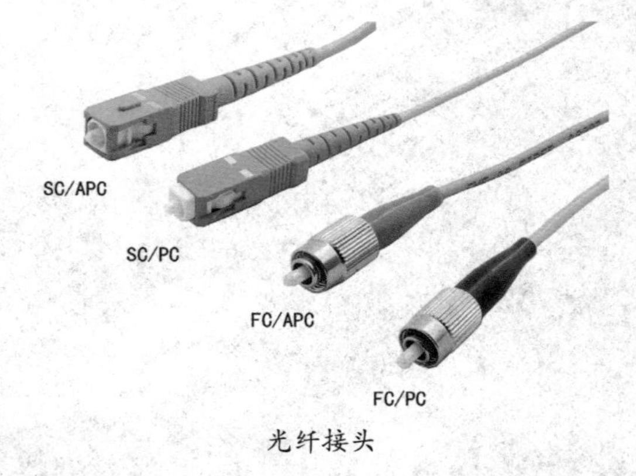

光纤接头

在光纤通信系统中，输入的声音、图像等消息变为电信号后，直接将信号在光波上调制，然后把输出的光信号送入光纤进行传输，在接收端的光接收机把从光纤中收到的光信号再转换为电信号，经处理后送给用户。光通信传输方式中的中继机与通信系统中的中继机有相同的作用。作为光纤通信系统中光源的激光器有一种特殊的本领，它发出的光只有单一的波长，我们称它为“相干光”。由于激光器发出的光是相干的，所以不会像手电筒或探照灯的光束那样朝四面八方扩散开，原因在自然光很“杂”，是由许多不同波长的光波所组

光纤

成，因此它们相互"碰撞"和干扰。而激光器就不同，它发出的光很"纯"，仅有一种波长，所以不会出现像自然光那样的相互干扰。

光纤通信的进一步研究和发展将改变人们一百多年来对电通信的依赖。计算机专家们也开始对传统的集成电路提出疑问，新型计算机的运算速度是那么快，铜线却成了提高运算速度的障碍。换句话说，计算机的元件是由铜导线连在一起的，是铜导线从一个元件传到另一元件的信息量限制了计算机的效率。因此，虽然人们能够设计出每秒运算上亿次的高速电路，但连接这些电路的铜线却跟不上它的速度。显然，一条全光线路——集成光路，正期待着人们去开创，这是使全光通信变为现实的必由之路。集成光路酷似集成电路，原理也基本相同，只是在集成光路中，集成的不是许许多多的电子元件，而是光学元件。它们是大量的微型激光器、调制器和光导薄膜。

光纤

生活中，人们常会将"光纤"与"光缆"两个名词混淆使用。光缆分为光纤、缓冲层及披覆。光纤是一种将讯息从一端传送到另一端的媒介。

多数光纤在使用前必须由几层保护结构包覆，包覆后的缆线称为"光缆"；光纤外层的保护结构可防止周遭环境对光纤的伤害，如水、火、电击等。

光纤

四、未来移动通讯技术的关键

第四代移动通讯系统主要是以OFDM为核心技术，实现“任何人在任何地点以任何形式接入网络”的理想通信方式，能够在各类网络环境间没有障碍地漫游，并可以在不同类型的业务之间进行转换。

在4G系统中，软件将会变得非常复杂。专家们提议引入软件无线电技术，软件无线电是近几年随着微电子技术的进步而迅速发展起来的新技术，它用现代通信理论为基础，以数字信号处理为核心，以微电子技术为支持。软件无线电概念一经提出，就受到各方的极大关注，这不仅是因为软件无线电概念新技术先进、发展潜力大，更为重要的是它潜在的市场价值也是极具吸引力的。软件无线电强调用开放性最简硬件为通用平台，尽可能地用可升级、可重配置的不同应用软件来实现各种无线电功能的设计新思路。

它的中心思想是：构造一个具有开放性、标准化、模块化的通用硬件平台，将工作频段、调制解调类型、数

引领潮流的新品手机

未来通讯生活

据格式、加密模式、通信协议等各种功能用软件来完成，并使宽带A/D和D/A转换器尽可能靠近天线，来研制出具有高度灵活性、开放性的新一代无线通信系统。在 4G 众多关键技术中，软件无线电技术是通向未来4G 的桥梁。

由于各种技术的交迭有利于减少开发风险，所以未来 4G技术需要适应不同种类的产品要求，而软件无线电技术则是适应产品多样性的基础，它不仅能减少开发风险，还更容易开发系列型产品。此外，它还减少了硅芯片的容量，从而降低了运算器件的价格。

硅芯片

硅芯片常常是计算机或其他设备的一部分，是含集成电路的硅片，体积很小。它是电子设备中最重要的部分，承担着运算和存储的功能。集成电路的应用范围覆盖了军工、民用的几乎所有的电子设备。

硅芯片

五、移动通讯的走向

与其他现代技术的发展一样，移动通讯技术的发展也呈现加快的趋势。关于未来移动通讯的讨论也已如火如荼的展开，各种方案纷纷出台。有一点是肯定的，就是未来移动通讯系统将提供全球性优质服务，真正实现在任何时间、任何地点，向任何人提供通信服务者——移动通讯的最高目标。

目前世界发达国家都正在积极进行4G技术规格的研究制定，期望在全球4G规格制定中享有发言权。4G的各项运行标准将由国际电信联盟电信标准局决定。新一代无线通信技术在美国及日本等发达国家已经进入密集的研发和市场化阶段。新的研究包括网络结构、用户切换和漫游等移动环境下的系统实现方案，从而实现用户的大范围移动，这种技术路线是当前国际上设计第四代移动通讯系统的主要思路。阿尔卡特、爱立信、诺基亚和西门子已共同建立了旨在推动4G技术开发的世界无线研究论坛。美国AT&T公司已在实验室中研究第四代移动通讯技术，研究目的是提高蜂窝电话和其他移动装置无线访问因特网的速率。

第四代移动通讯设备“智能化”程度极高，移动通讯面向个人、正反馈良好循环发展的特性，决定其市场潜力仍非常巨大。移动通讯与互联网的结合，给移动通讯与互联网的发展都将注入更大的活力。

随着互联网高速发展，第四代移动通讯系统将会得到更快的发展。中国也在积极参与ITU关于第四代移动通讯标准建议的研究，掌握世界移动通讯技术的研究动向和最新成果，加强国际合作，关注并积极进行第四代移动通讯技术的研究与开发工作，加快中国移动通讯产业的发展，使中国的移动通讯产业在国内外拥有强大的市场。

广受追捧的
iphone4s 手机

知识卡片

4G 技术

4G 时代是一个智能通信的时代。世界很多组织给 4G 下了不同的定义，而 ITU 代表了传统移动蜂窝运营商对 4G 的看法，认为 4G 是基于 IP 协议的高速蜂窝移动网，现有的各种无线通信技术从现有 3G 演进，并在 3GLTE 阶段完成标准统一。

4G 技术

第6章

移动通讯史上的大事件

◎ 上帝创造的奇迹——电报的发明
◎ 语音的传递——电话的发明
◎ 个人通信的发源——寻呼机
◎ 移动电话的实现——蜂窝式移动电话的诞生
◎ 逐步的革新——新一代手机的诞生

一、上帝创造的奇迹——电报的发明

人类历史上最早的通信手段和现在一样是“无线”的，如利用以火光传递信息的烽火台，通常大家认为这是最早传递消息的方式了。事实上不是，在中国和非洲古代，击鼓传信是最早最方便的办法，非洲人用圆木特制的大鼓可传声到三四千米远，再通过“鼓声接力”和专门的“击鼓语言”，可在很短的时间内把消息准确地传到 50 千米以外的另一个部落，不会像前段时间湖南卫视的“悄悄话接力”那样传得完全变了样。

电报的使用

其实，不论是击鼓、烽火、旗语还是今天的移动通讯，要实现消息的远距离传送，都需要中继站的层层传递，消息才能到达目的地。不过，由于那时人类还没有发现电，所以要想畅通快速地实现远距离传递消息只有等待了……

人类通信史上革命性变化，是从把电作为信息载体后发生的。

最早的电报机

1753年2月17日，在《苏格兰人》杂志上发表了一封署名CoM的书信。在这封信中，作者提出了用电流进行通信的大胆设想。虽然在当时还不十分成熟，而且缺乏应用推广的经济环境，却使人们看到了电信时代的一缕曙光。

1793年，法国查佩兄弟俩在巴黎和里尔之间架设了一条230千米长的接力方式传送信息的托架式线路。据说两兄弟是第一个使用“电报”这个词的人。

莫尔斯

1832年，俄国外交家希林在当时著名物理学家奥斯特电磁感应理论的启发下，制作出了用电流计指针偏转来接收信息的电报机；1837年6月，英国青年库克获得了第一个电报发明专利权。他制作的电报机首先在铁路上获得应用。不过，这种方式很不方便和实用，无法投入真正的实

电报机

用阶段。历史到了这关键的时候，仿佛停顿了下来，还得等待一个画家来解决。美国画家莫尔斯在 1832 年旅欧学习途中，开始对这种新生的技术发生了兴趣，经过 3 年的钻研之后，在 1835 年，第一台电报机问世。但如何把电报和人类的语言连接起来，是摆在莫尔斯面前的一大难题，在一丝灵感来临的瞬间，他在笔记本上记下这样一段话：

莫尔斯和电报

“电流是神速的，如果它能够不停顿走 10 英里，我就让他走遍全世界。电流只要停止片刻，就会出现火

电报发送机

花，火花是一种符号，没有火花是另一种符号，没有火花的时间长又是一种符号。这里有三种符号可组合起来，代表数字和字母。它们可以构成字母，文字就可以通过导线传送了。这样，能够把消息传到远处的崭新工具就可以实现了！”

随着这种伟大思想的成熟，莫尔斯成功地用电流的“通”、“断”和“长断”来代替了人类的文字进行传送，这就是鼎鼎大名的莫尔斯电码。

1843 年，莫尔斯获得了 3 万美元的资助，他用这笔款修建成了从华盛顿到巴尔的摩的电报线路，全长 64.4 千米。1844 年 5 月 24 日，在座无虚席的国会大厦里，莫尔斯用他那激动得有些颤抖的双手，操纵着他倾十余年心血研制成功的电报机，向巴尔的摩发出了人类历史上的第一份电报：“上帝创造了何等奇迹！”

电报的发明，拉开了电信时代的序幕，开创了人类利用电来传递信息的历史。从此，信息传递的速度大大加快了。“嘀-嗒”一响（1 秒），电报便可以载着人们所要传送的信息绕地球走上 7 圈半。这种速度是以往任何一种通信工具所望尘莫及的。

电报机

电报机是一种早期信息传播工具，在电话没有能普遍应用前，承担着信息传递的重任。它比书信传递信息要快捷得多。

早期的电报

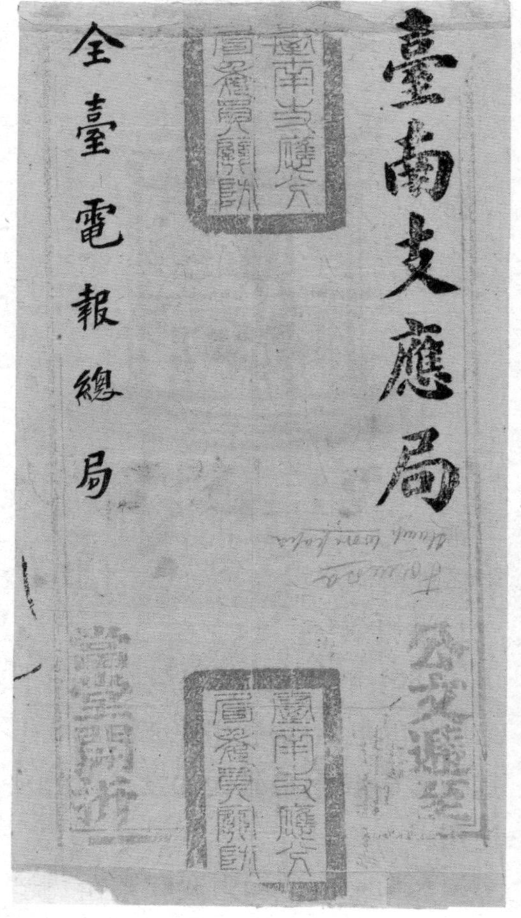

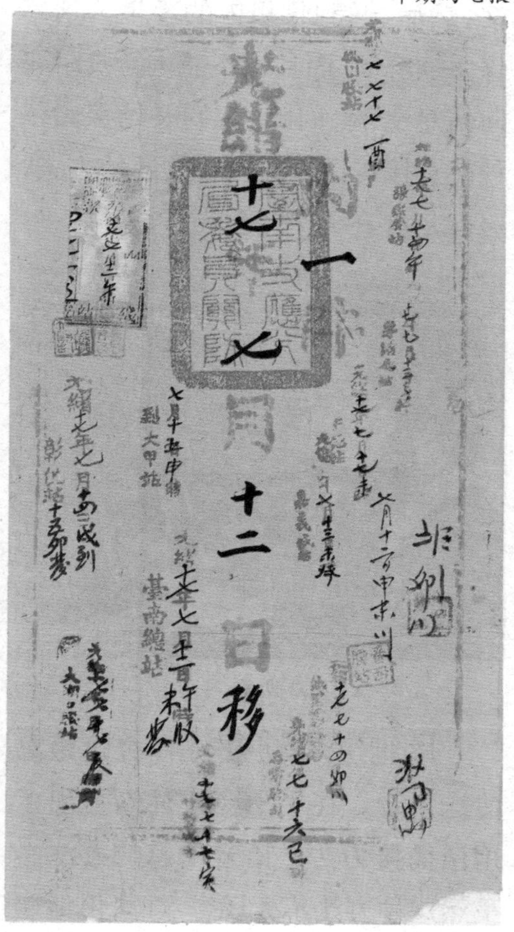

二、语音的传递——电话的发明

电报传送的是符号。发送一份电报，需先将报文译成电码，再用电报机发送出去；在收报一方，要经过相反的过程，即将收到的电码译成报文，然后，送到收报人的手里。这不仅手续麻烦，而且也不能进行及时双向信息交流。因此，人们开始探索一种能直接传送人类声音的通信方式，这就是现在无人不晓的“电话”。

世界上第一部电话

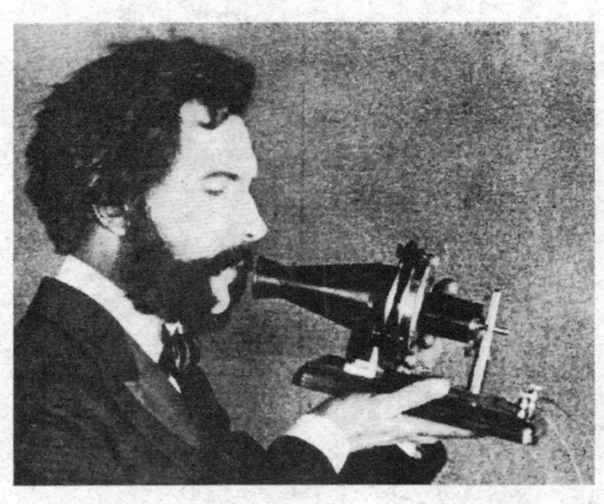

贝尔

18 世纪，欧洲开始研究远距离传送声音。在 1796 年，休斯提出了用话筒接力传送语音信息的办法。虽然这种方法不太切合实际，但他赐给这种通信方式一个名字——电话，一直沿用至今。

1861 年，德国一名教师发明了最原始的电话机，利用声波原理可在短距离互相通话，但无法投入真正的使用。

如何把电流和声波联系在一起

老式电话

而实现远距离通话？亚历山大·贝尔是注定要完成这个历史任务的人，他系统地学习了人的语音、发声机理和声波振动原理，在为聋哑人设计助听器的过程中，他发现电流导通和停止的瞬间，螺旋线圈发出了噪声，就这一发现使贝尔突发奇想——“用电流的强弱来模拟声音大小的变化，从而用电流传送声音”。

从这时开始，贝尔和他的助手沃森特就开始了设计电话的艰辛历程，1875 年 6 月 2 日，贝尔和沃森特正

第一次洲际电话服务演示

电话

在进行模型的最后设计和改进，最后测试的时刻到了，沃森特在紧闭了门窗的另一房间把耳朵贴在音箱上准备接听，贝尔在最后操作时不小心把硫酸溅到自己的腿上，他疼痛地叫了起来，没有想到的是，声音通过他实验中的电话传到了在另一个房间工作的沃森特先生的耳朵里。这句极普通的话，也就成为人类第一句通过电话传送的话音而记入史册。1875 年 6 月 2 日，也被人们作为发明电话的伟大日子而加以纪念，而这个地方——美国波士顿法院路 109 号也因此载入史册，至今它的门口仍钉着块铜牌，上面镌有："1875 年 6 月 2 日电话诞生在此。"1876 年 3 月 7 日，贝尔获得发明电话专利。

电话机

1877 年，也就是贝尔发明电话后的第二年，在波士顿和纽约架设的第一条电话线路开通了，两地相距 300 千米。也就在这一年，有人第一次用电话给《波士顿环球报》发送了新闻消息，从此开始了公众使用电话的时代。一年之内，贝尔共安装了 230 部电话，建立了贝尔电话公司，这是美国电报电话公司前身。

电话传入中国，是在 1881 年，英籍电气技师皮晓浦在上海十六铺沿街架起一

创意电话

对露天电话，付36文制钱可通话一次，这是中国的第一部电话。1882年2月，丹麦大北电报公司在上海外滩扬于天路办起中国第一个电话局，用户25家。1889年，安徽省安庆州候补知州彭名保，自行设计了一部电话，包括自制的五六十种大小零件，成为中国第一部自行设计制造的电话。

最初的电话并没有拨号盘，所有的通话都是通过接线员进行，由接线员将通话人接上正确的线路，拨号盘开始在20世纪初，当时马萨诸塞州流行麻疹，一位内科医生因担心一旦接线员病倒造成全城电话瘫痪而提起的。不过在中国70年代，部分区县还在使用干电池为动力，没有拨号盘的手摇电话机。

需要接线员的电话

今天，世界上大约有7.5亿电话用户，其中还包括1070万因特网用户分享着这个网络。写信进入了一个令人惊讶的复苏阶段，不过这些信件也是通过这根细细的电话线来传送的。

知识卡片

中国新一代无线移动通讯系统

中国在成功推出TD-SCDMA第三代移动通讯技术标准后，2002年也正式启动了开发新一代无线移动通讯系统的步伐。中国科学技术部已经在国家“863”计划中将超3G/4G的研究作为战略研究重点领域之一，称为FuTURE计划。

作为新一代无线移动通讯系统技术研究开发的重要项目之一，4G的核心技术是“全IP蜂窝移动通讯技术”，它的数据传输速率是3G移动电话的50倍，能同时传输语音、文字、图像、视频等不同类型的数据。尤为重要的是，它融合了Internet技术和新一代移动通讯技术，这和3G完全脱离现有基础而另建一个网络系统的方式不同，可在很大程度上解决3G面临的带宽利用率低、建网和运营成本高、用户使用成本高等问题。

无线通话

三、个人通信的发源——寻呼机

在20世纪90年代，漫步在城市街头，我们时而可听到一阵阵“噼、噼、噼”的响声。这就是无线电寻呼机所发出来的声音。无线电寻呼机又叫做BP机。它是专门用来接收由无线电寻呼系统发来的信息的，可以是寻人信息，也可以是有关天气预报、股市行情等一类短消息。

无线电寻呼机

说到现代移动通讯，不能不提摩托罗拉。摩托罗拉最早是一家生产车用直流收音设备装置的公司，该公司随着汽车在美国的流行而迅速发展，二战时期公司转入无线电通讯设备的生产。1941年，摩托罗拉生产出了美军参战时唯一的便携式无线电通讯工具——5磅重手持对讲无线电样机及此后的SCR-300型高频

早期人们使用的寻呼机

模拟寻呼机

率调频背负式通话机，1956年，第一个无线电寻呼机也在该公司问世了。

早期的寻呼机形状如单向收音机，有砖头那么大。呼叫员整天在机器里不停地念着各种信息，有点像今天的出租车调度台，是一种“大广播”方式，你听到的是呼叫员发出的所有信息。你得仔细留意自己的名字，错过了，就再也找不到了。

后来，寻呼机获得了个体特征。每个寻呼机都取了一个数字名字，因此它只接收对自己的呼唤，而忽略其他信息。当听到对自己的呼唤时，呼机就会嘀嘀地响起来，它的主人于是需要找到一部电话，向呼叫员询问信息，这就是模拟寻呼机。在1968年，日本率先在150兆赫移动通讯频段上开通用声音发出通知音和消息的模拟寻呼系统就是这类。

70年代曾出现了语音呼机——某种信息到来之前，寻呼机发出一种预定的声音讯号，使用者打开机器便可听到这一信息。80年代早期出现了数字呼机，它的屏幕很小，只能把数字写在上面，以显示不同的数字来代表不同的信息内容。显然，这种寻呼机所能传递的信息就比前一种丰富得多了，这类寻呼系统于1973年在美国最先使用，其使用频率为150兆

语音呼叫寻呼机

赫和450兆赫。

数字寻呼系统不仅有“人工”的，

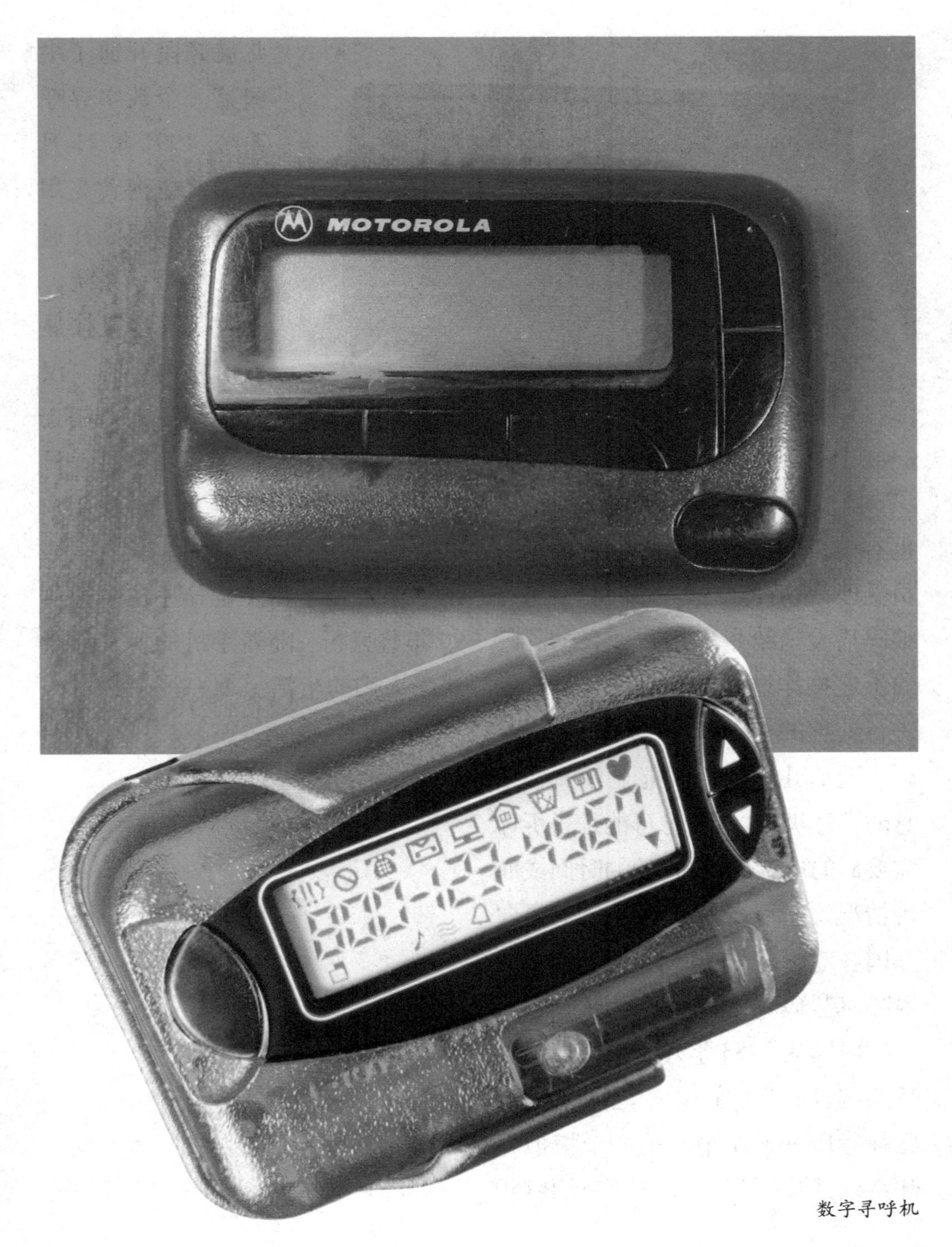

数字寻呼机

汉显 BP 机

也有“自动”的。人工寻呼是由话务员受理，然后再由话务员对信息进行编码后发送给指定用户。自动寻呼的上述操作过程都是由计算机自动进行处理的，不用人来操作。

随后几年出现了能显示文字信息的寻呼机，这些信息可能是告诉你需要回的电话、会议开始的时间或航班情况。之后，寻呼信号通过卫星向全国各地传播，在电波中搜索特定的寻呼机号码，准确地找到目标。

中国从 1983 年开始研究发展寻呼系统，同年 9 月 16 日，上海用 150 兆赫频段开通了中国第一个模拟寻呼系统，1984 年 5 月 1 日，广州用 150 兆赫频段开通了中国第一个数字寻呼系统。1991 年 11 月 15 日，上海首先用 150 兆赫频段开通了汉字寻呼系统。这种以汉字直接显示信息内容的“汉显”BP 机，省却了查代码的麻烦，且一目了然，因而深受用户的欢迎。

数字寻呼和汉显寻呼在中国从 90 年代盛行，随着手机的普及逐渐淡出人们的生活。

摩托罗拉

摩托罗拉是全球芯片制造、电子通讯的领导者，是世界财富百强企业之一。在通讯行业中占有重要地位。

摩托罗拉是芯片制造的领导者

四、移动电话的实现——蜂窝式移动电话的诞生

自从电话发明之后，这一通信工具使人类充分享受到了现代信息社会的方便，但这仅仅是一个开始，而且普及范围也并不广，随着无线电报和无线广播的发明，人们更希望能有一种能够随身携带，不用电话线路的电话。

肩负着人类的希望，通信领域的科学家进行了不懈的努力，由于两次大战的需要，早期的移动通讯的雏形已开发了出来，如步话机、对讲机等等，其中，步话机在1941年美陆军就开始装备了，当时的使用频段是短波波段，设备是电子管的。从20世纪

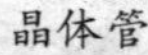
晶体管

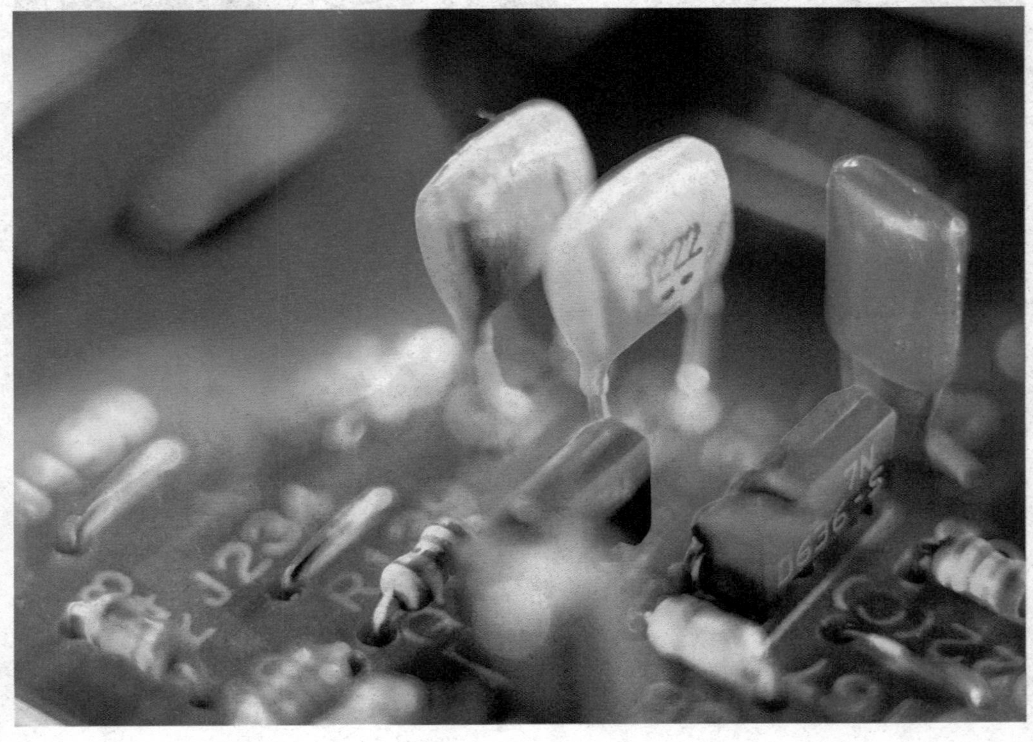

蜂窝式移动电话

蜂巢设计

50年代开始，开始使用150兆赫，后来发展为400兆赫，紧接着60年代晶体管的出现，专用无线电话系统大量出现，在公安、消防、出租汽车等行业中应用。但这些仅能在少数特殊人群中使用且携带不便，能不能有更小更方便适合大众使用的个人移动电话？

随着对电磁波研究的深入、大规模集成电路的问世，摆在科学家面前的障碍已被一一扫清，移动电话首先被制造出来，它是主要由送受话器、控制组件、天线以及电源四部分组成。在送受话器上，除了装有话筒和耳机外，还有数字、字母显示器，控制键和拨号键等。控制组件具有调制、解调等许多重要功能。由于手持式移动电话机是在流动中使用，所需电力全靠自备的电池来供给，当时是使用镍镉电池，可反复充电。

移动电话制造出来了，如何规划网络？科学家首先想到蜂巢的结构，在建筑学上，蜂巢是经济高效的结构方式，移动网络是否可以采取同样的方式，然后在相邻的小区使用不同的频率，在相距较远的小区就采用相同的频率。

蜂巢原理的应用

蜂窝式移动电话

这样既有效地避免了频率冲突，又可让同一频率多次使用，节省了频率资源。

70年代初，贝尔实验室提出蜂窝系统的覆盖小区的概念和相关的理论后，立即得到迅速的发展，很快进入了实用阶段。在蜂窝式的网络中，每一个地理范围都有多个基站，并受一个移动电话交换机的控制。在这个区域内任何地点的移动台车载、便携电话都可经由无线信道和交换机联通公用电话网，真正做到随时随地都可以同世界上任何地方进行通信，同时，在两个或多个移动交换局之间，只要制式相同，还可以进行自动和半自动转接，从而扩大移动台的活动范围。因此，从理论上讲，蜂窝移动电话系统可容纳无限多的用户。第一代蜂窝移动电话系统是模拟蜂窝移动电话系统，主要特征是用模拟方式传输模拟信号，美国、英国和日本都开发了各自的系统。

在1975年，美国联邦通信委员会开放了移动电话市场，确定了陆地移动电话通信和大容量蜂窝移动电话的频谱，为移动电话投入商用作好

蜂窝式移动电话

了准备。1979 年，日本开放了世界上第一个蜂窝移动电话网。其实世界上第一个移动电话通信系统是1978 年在美国芝加哥开通的，但蜂窝式移动电话后来居上。1979 年，AMPS 制模拟蜂窝式移动电话系统在美国芝加哥试验后，终于在 1983 年 12 月在美国投入商用。

中国开始在 1987 年开始使用模拟式蜂窝电话通信，1987 年 11 月，第一个移动电话局在广州开通。

频率

频率是描述振动物体往复运动频繁程度的量，表示单位时间内完成振动的次数，常用符号 f 或 v 表示。

频率波形图

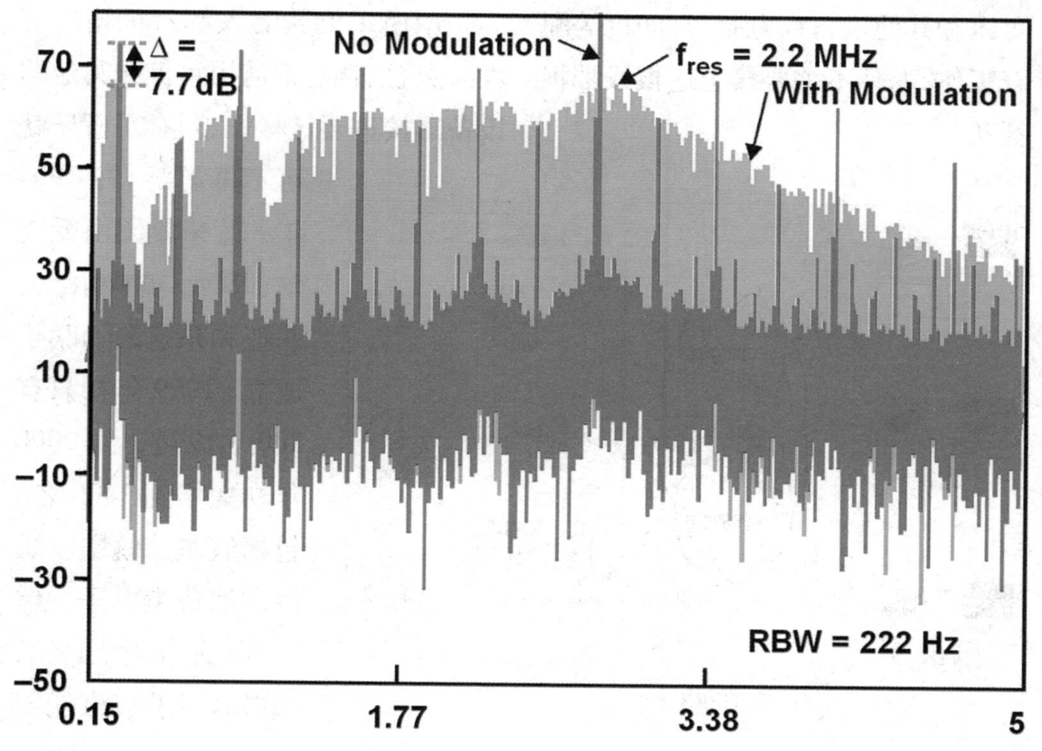

五、逐步的革新——新一代手机的诞生

在网络化的今天，手机仅仅作为通话的工具无疑是一大浪费，不少有远见卓识的人看到了最好的个人电子设备就是手机，因为它是真正的个人化用品，可以随时随地无线接入网络。新一代的手机，可以单独地胜任某些原来必须要在电脑上才能完成的工作，如上网、记事、日程管理；也可以和其他设备如电脑、打印机等配合工作，而且不需要接上这根线那根插头。

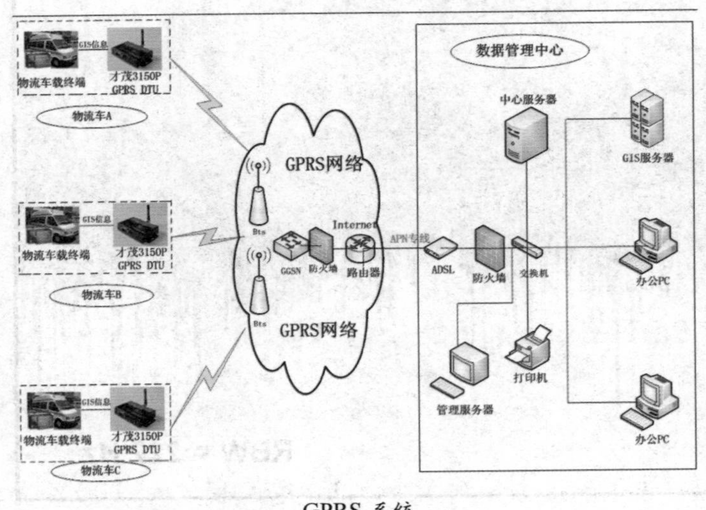

GPRS 系统

进入现代，发明一项科学技术或者制造一项科技产品都是团队的成果，标志新一代手机的典型技术就是现在人们正津津乐道的蓝牙、WAP和GPRS，它们的背后都有一大群科学家在为之工作，发明蓝牙技术的就是以瑞典电信巨人爱立信公司为主成立的蓝牙工作小组。

用惯了电脑的人都对机箱后那堆线深恶痛绝，难道用手机和其他的设备连接也要这样？不，有了蓝牙就可不再需要，在 1994 年，蓝牙集团由爱立信、IBM、英特尔、诺基亚和东芝公司联手成立，1999 年初只有 200 名成员，到 2000 年初猛增到 1400 名，包括汽车、航空、媒体、消费类电子、信息、电信，其中知名的如微软、朗讯、摩托罗

车载蓝牙

拉和 3Com。这些企业的加入足见无线技术的前景何其诱人。

蓝牙是以无线 LANs 的 IEEE802.11 标准技术为基础。从理论上来讲，以 2.45 赫兹波段运行的技术能够使相距 30 米以内的设备互相连接，传输速度可达到 2 比特率/秒，任何蓝牙设备一旦搜寻到另一个蓝牙设备，马上就可以建立联系，而无须用户进行任何设置，可以解释为“即连即用”。

现在面世的蓝牙产品不仅有蓝牙耳机，还有 PDA 与手机的数据同步器，甚至还有了蓝牙便携式硬盘，以后蓝牙手机注定要成为生活遥控器的多面手，代替现在的钥匙、控制器等。

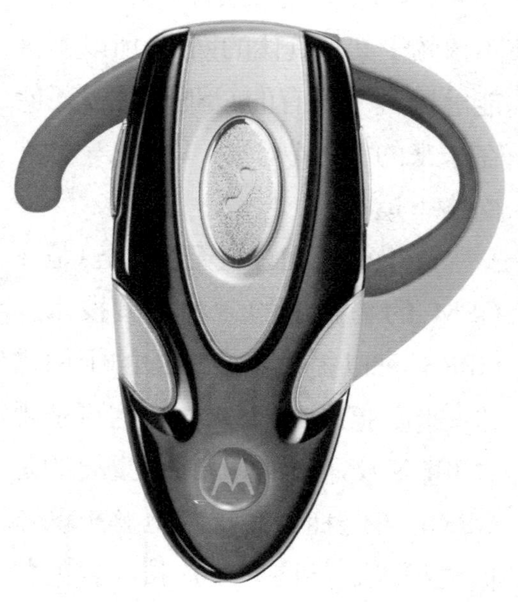

蓝牙耳机

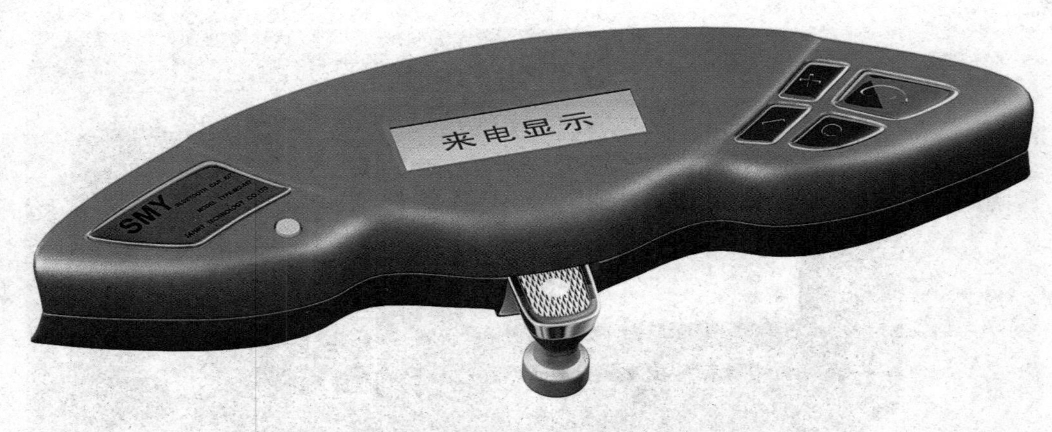

多功能蓝牙车载免提设备

WAP其实只是一个全球性的开放协议，最早由摩托罗拉、诺基亚、爱立信和Phone.com等联合开发，目前加入到这个标准中的成员单位已有200多个，要注意的是，WAP协议并不依赖于某种具体的网络，所以不仅能够运行于现有的GSM网络，还能在未来的CDMA、W-CDMA等多种网络下运行。

GPRS（通用分组无线业务）是在GSM的基础上的一种过渡技术。GPRS可以提供用户在外的上网需求，速度能达到115kbit/s，这可是现在ISDN双通道的速率，更重要的是GPRS可以拥有和现在电脑上网不同的模式，始终处于连接在线的状态，使用费率则只按数据流量来计算（类似于现在DDN专线的计算方式），显得十分合理，其投入实用的可能性也非常大，只要在原有的GSM系统上进行部分升级改造就可以了，避免了重复建设的昂贵投资。1999年11月，用摩托罗拉和思科公司的方案，英国BTCellnet公司实现了全球首次GPRS通话，2000年7月，该

GPRS设备

GPRS 手机

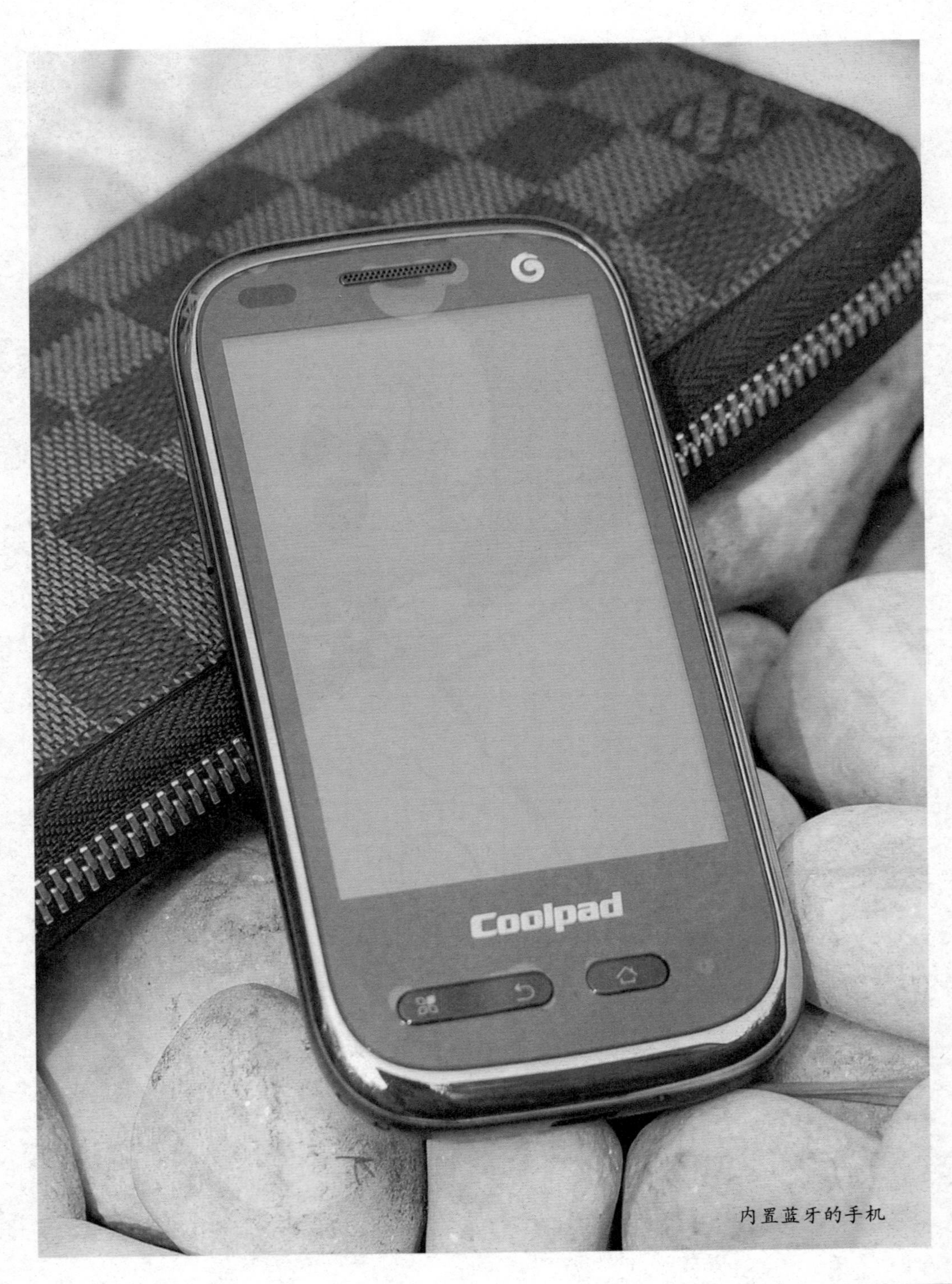

内置蓝牙的手机

触屏时代

公司推出了第一个商用GPRS方案，摩托罗拉则同时推出了全球第一款GPRS手机——TimeportP7389i。

移动通讯发展速度越来越快，蓝牙、WAP和GPRS仅仅是移动新技术的几个亮点而已。人们无法想像的科技产品会飞快地出现在我们身边，那时，手机不会再仅仅是你的个人通讯工具，相信它会成为你可靠的工作助手（上网、记事、制定工作计划、照相、录音）和有趣的娱乐伙伴（游戏、听MP3、收音、看电影），而它的形状也会有各种各样（手表、头戴式、分离式、笔式）以适应不同人群的要求。

国际上第三代移动通讯的商用化逐步在全球范围内进入实施阶段。一方面，第三代移动通讯技术除了能够支持更高速率的移动多媒体业务外，还提供更高的频谱效率和服务质量，与位置有关的信息点播业务、多媒体短信业务、移动上网浏览业务、移动电子商务、交互式娱乐业务将是未来最具发展前景的移动通讯业务。

Internet业务的日益普及，促使移动通讯技术向全IP方向发展。目前 3GPP 和 3GPP2 等标准化组织正在制定基于全IP的第三代移动通讯增强型体制标准。为迎合该方面的发展，3GPP2 已提出了能够支持高速分组业务的 cdam2000-1x/EV 标准。3GPP 也在进行类似的工作，一个名为 HSPDA 增强性第三代移动通讯标准正在制定之中，其分组业务峰值传输速率将达到 8Mbps 以上。

第四代移动通讯的基本概念还处于研究阶段，目前还难以用准确地语言加以描述。

4G 手机

概括起来，未来的第四代移动通讯应当具备以下基本特征：

业务。无论何时何地，能够为终端用户提供“身临其境”的高分辨率业务。

网络。能够使用无所不在的“空间分集”技术提供广域服务，对抗更高频段上的电波传输特性。

终端。在体积受限的情况下，能够使用革命性的多天线技术，为用户提供高质量的无线通信服务。

对于 4G 核心网络，IP 地址的个人化是未来移动通讯的主要发展趋势之一，具有电信级 QoS 的 IPv6 将是未来的主要发展趋势，其主要原因之一是现有的IPv4 不能提供足够的地址空间。

让我们共同期待移动通讯创造的美好未来吧。

GPRS

GPRS 是移动电话用户可以用的一种移动数据业务。

移动生活方式

图书在版编目（CIP）数据

图说移动通讯技术与未来 / 左玉河，李书源主编. -- 长春：吉林出版集团有限责任公司，2012.4
（中华青少年科学文化博览丛书 / 李营主编. 科学技术卷）

ISBN 978-7-5463-8872-4-03

Ⅰ. ①图… Ⅱ. ①左… ②李… Ⅲ. ①移动通信－青年读物 ②移动通信－少年读物 Ⅳ. ① TN929.5-49

中国版本图书馆 CIP 数据核字（2012）第 053560 号

图说移动通讯技术与未来

作　　者／左玉河　李书源
责任编辑／张西琳
开　　本／710mm × 1000mm　1/16
印　　张／10
字　　数／150千字
版　　次／2012年4月第1版
印　　次／2021年5月第4次

出　　版／吉林出版集团股份有限公司（长春市福祉大路5788号龙腾国际A座）
发　　行／吉林音像出版社有限责任公司
地　　址／长春市福祉大路5788号龙腾国际A座13楼　　邮编：130117
印　　刷／三河市华晨印务有限公司

ISBN 978-7-5463-8872-4-03　　定价／39.80元